特种作业人员安全技术考核培训教材

普通脚手架架子工

主编　杨正凯　张　暄

中国建筑工业出版社

图书在版编目(CIP)数据

普通脚手架架子工/杨正凯，张暄主编. —北京：
中国建筑工业出版社，2020.2
特种作业人员安全技术考核培训教材
ISBN 978-7-112-24737-0

Ⅰ.①普… Ⅱ.①杨… ②张… Ⅲ.①脚手架-工
程施工-技术培训-教材 Ⅳ.①TU731.2

中国版本图书馆 CIP 数据核字(2020)第 010582 号

责任编辑：李 杰
责任校对：李欣慰

特种作业人员安全技术考核培训教材
普通脚手架架子工
主编 杨正凯 张 暄

*

中国建筑工业出版社出版、发行（北京海淀三里河路 9 号）

各地新华书店、建筑书店经销

北 京 红 光 制 版 公 司 制 版

北京建筑工业印刷厂印刷

*

开本：787×1092 毫米 1/16 印张：14¾ 字数：302 千字
2020 年 5 月第一版 2020 年 5 月第一次印刷

定价：**63.00** 元

ISBN 978-7-112-24737-0
(35297)

特种作业人员安全技术考核培训教材编审委员会

审定委员会

3

本书编委会

主　　编　杨正凯　张　暄

副 主 编　张　岩　杨辰驹　徐　静

参编人员　韩　晟　韩　飞　王培森　朱冬梅　张振涛

出　版　说　明

随着我国经济快速发展、科学技术不断进步，建设工程的市场需求发生了巨大变换，对安全生产提出了更多、更新、更高的挑战。近年来，为保证建设工程的安全生产，国家不断加大法规建设力度，新颁布和修订了一系列建筑施工特种作业相关法律法规和技术标准。为使建筑施工特种作业人员安全技术考核工作与现行法律法规和技术标准进行有机地接轨，依据《中华人民共和国安全生产法》《建设工程安全生产管理条例》《安全生产许可证条例》《建筑起重机械安全监督管理规定》《建筑施工特种作业人员管理规定》《危险性较大的分部分项工程安全管理规定》及其他相关法规的要求，我们组织编写了这套"特种作业人员安全技术考核培训教材"。

本套教材由《特种作业安全生产基本知识》《建筑电工》《普通脚手架架子工》《附着式升降脚手架架子工》《建筑起重司索信号工》《塔式起重机工》《施工升降机工》《物料提升机工》《高处作业吊篮安装拆卸工》《建筑焊接与切割工》共10册组成，其中《特种作业安全生产基本知识》为通用教材，其他分别适用于建筑电工、建筑架子工、起重司索信号工、起重机械司机、起重机械安装拆卸工、高处作业吊篮安装拆卸工和建筑焊接切割工等特种作业工种的培训。在编纂过程中，我们依据《建筑施工特种作业人员培训教材编写大纲》，参考《工程质量安全手册（试行）》，坚持以人为本与可持续发展的原则，突出系统性、针对性、实践性和前瞻性，体现建筑施工特种作业的新常态、新法规、新技术、新工艺等内容。每册书附有测试题库可供作业人员通过自我测评不断提升理论知识水平，比较系统、便捷地掌握安全生产知识和技术。本套教材既可作为建筑施工特种作业人员安全技术考核培训用书，也可作为建设单位、施工单位和建设类大中专院校的教学及参考用书。

本套教材的编写得到了住房和城乡建设部、山东省住房和城乡建设厅、清华大学、中国海洋大学、山东建筑大学、山东理工大学、青岛理工大学、山东城市建设职业学院、青岛华海理工专修学院、烟台城乡建设学校、山东省建筑科学研究院、山东省建设发展研究院、山东省建筑标准服务中心、潍坊市市政工程和建筑业发展服务中心、德州市建设工程质量安全保障中心、山东省建设机械协会、山东省建筑安全与设备管理协会、潍坊市建设工程质量安全协会、青岛市工程建设监理有限责任公司、潍坊昌大建设集团有限公司、威海建设集团股份有限公司、山东中英国际建筑工程技术有限公司、山东中英国际工程图书有限公司、清大鲁班（北京）国际信息技术有限公司、中国建筑工业出版社等单位的大力支持，在此表示衷心的感谢。本套教材虽经反复推敲核证，仍难免有不妥甚至疏漏之处，恳请广大读者提出宝贵意见。

编审委员会

2020 年 04 月

前　言

　　本书适用于建筑架子工（普通脚手架）的安全技术考核培训。内容的编写主要依据《建筑施工特种作业人员培训教材编写大纲》，同时参考了住房和城乡建设部印发的《工程质量安全手册（试行）》。本书内容以普通脚手架架子工必须掌握的普通脚手架基本理论和基本原理为主，结合现行国家规范、规程以及山东省的规范、条例，重点讲解了架子工应掌握的建筑识图、建筑构造和建筑结构基础知识，常用的扣件式钢管脚手架、碗扣式脚手架、门式脚手架、模板支撑架以及异形脚手架的构造、搭设、使用和拆除等基本要求和安全施工要点。通过对本教材的学习可以满足作业人员学习新知识的需求，方便作业人员用所学知识解决现场施工遇到的技术问题，提高作业人员的培训热情和安全技术水平，进而减少特种作业人员的不安全行为，减少安全事故的发生，同时对于强化作业人员的安全生产意识、增强安全生产责任具体指导作用。

　　本书由杨正凯、张暄主编，张岩、杨辰驹、徐静任副主编，经过多次研讨和修改完成。在编写过程中得到中国海洋大学、山东建筑大学、淄博鲁中房地产开发股份有限公司、中国建筑第八工程局有限公司、山东中英国际工程图书有限公司等单位的大力支持和热情帮助，在此表示诚挚感谢。

　　限于编著的水平和经验，书中难免出现疏漏和错误，诚挚希望读者提出宝贵意见，以便完善。

编　者

2020 年 04 月

目 录

1 普通脚手架专业基础知识

2 架子工技术基础

3　扣件式钢管脚手架

4 门式钢管脚手架

5 碗扣式钢管脚手架

6　木竹与异形脚手架

7 模 板 支 撑 架

8　常见事故原因及预防措施

1 普通脚手架专业基础知识

脚手架是建筑施工中不可缺少的空中作业工具，无论结构施工还是室外装修施工，以及设备安装都需要根据操作要求搭设脚手架。脚手架工程施工前，须制定完善的脚手架施工方案，对工程的特点、规模，脚手架的布置、选型、结构计算、施工工艺以及相关的技术、安全等保障措施进行详细说明，以保证脚手架施工顺利实施。因此，脚手架特种作业人员，即架子工必须学习和掌握与脚手架施工相关的专业知识。

普通脚手架专业基础知识包括：建筑力学、建筑识图、房屋建筑构造以及建筑结构等。本章主要介绍建筑识图、房屋建筑构造和建筑结构的相关知识。

1.1 建筑识图

建造任何建筑工程，都要先有一套设计好的施工图纸以及有关的标准图集和文字说明，这些图纸和文字说明把拟建建筑物的构造、规模、尺寸、标高及选用的材料、设备、构配件等表述得清清楚楚。然后，由建筑工人将图纸上的设计内容通过精心组织，正确操作，建造成实际的建筑物，这个过程就是建筑施工。图纸沟通了设计与施工的各个环节，是建筑工程技术界的语言。会施工首先必须会识图，识图也称为看图或读图。

1.1.1 建筑识图投影原理

建筑工程的图纸，是用几个图综合起来表示一个建筑物，能够准确地反映建筑物的真实形状、内部构造和具体尺寸。由于大多图纸是采用投影原理绘制的。所以，要读懂建筑工程图，就要学习投影原理，具备必要的投影知识，这是识图的基础。

1. 投影原理与正投影

日常生活中，光线照射到物体上，在墙面上或地面上就会产生影子，当光线的形式和方位改变时，影子的形状、位置和大小也随之改变。如图 1-1（a）所示，灯的位置在桌面正中上方，当灯光离桌面较近时，地

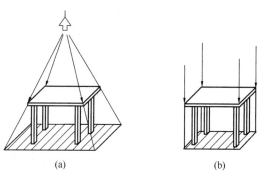

图 1-1　物体的投影

（a）点光源照射物体的投影；（b）平行光垂直照射物体的投影

1

面上产生的影子比桌面还大。灯与桌面距离越远，影子就越接近桌面的实际大小。如把灯移到无限远，如图1-1（b）所示，当光线从无限远处相互平行并与桌面、地面垂直时，这时在地面上出现的影子的大小就和桌面一样。

由于物体不透光，所以影子只能反映物体某个方向的外轮廓，并不能反映物体的内部情况。假设从光源发出的光线，能够透过物体，将物体的各顶点和各棱线都在一个平面上投出影来，从而组成能够反映出物体形状的图形影子，这样影子不但能反映物体的外轮廓，同时也能反映物体上部和内部的情况。按照上述方法形成的物体的影子就称为投影。我们把光源称为投影中心，光线称为投射线，把地面等出现影子的平面称为投影面，把所产生的影子称为投影图，作出物体的投影的方法，称为投影法。

投影法分为中心投影和平行投影两类。由一点放射光源所产生的空间物体的投影称为中心投影，如图1-1（a）所示；利用相互平行的投射线所产生的空间物体的投影称为平行投影，如图1-1（b）所示。

平行投影又分为斜投影和正投影。投影线倾斜于投影面时，所形成的平行投影，称为斜投影，适用于绘制斜轴测图。投影线垂直于投影面，物体在投影面上所得到的投影称为正投影。正投影也就是人们口头说的"正面对着物体去看"的投影方法。大部分的建筑工程图基本都是用正投影方法绘制的。

（1）点的正投影基本规律

无论从哪一个方向对一个点进行投影，所得到的投影仍然是一个点。

（2）直线的正投影基本规律

直线平行于投影面时，其投影仍为直线，且与实长相等，如图1-2（a）所示。

直线垂直于投影面时，其投影积聚为一个点，如图1-2（b）所示。

直线倾斜于投影面时，其投影仍为直线，但长度缩短，如图1-2（c）所示。

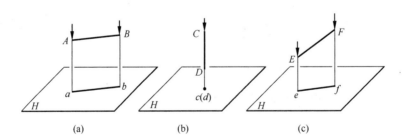

图1-2　直线的投影特性

（a）平行线；（b）垂直线；（c）倾斜线

（3）平面的正投影基本规律

平面平行于投影面时，其投影反映平面的真实形状和大小，如图1-3（a）所示。

平面垂直于投影面时，其投影积聚成一条直线，如图1-3（b）所示。

平面倾斜于投影面时，其投影是缩小了的平面，如图1-3（c）所示。

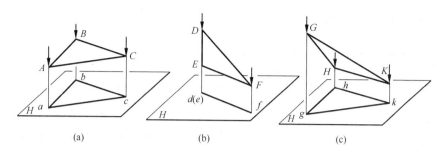

图 1-3 平面的投影特性

（a）平行面；（b）垂直面；（c）倾斜面

2. 视图

物体在投影面上的正投影图叫视图。一个物体都有前、后、左、右、上、下六个面，以投影的方向不同，视图可分为以下几种：

（1）俯视图：从顶上往下看得到的投影图，如建筑施工图中楼层平面图。

（2）仰视图：从底下往上看得到的投影图，如建筑施工图中的顶棚平面图。

（3）侧视图：从物体的左、右、前、后投影得到的视图，分别称为左视图、右视图、前视图、后视图，如建筑施工图中的东、南、西、北立面图。

大多数物体均需至少三个视图才能正确表现出物体的真实形状和大小。

如图 1-4 所示，物体的三个投影面，平行于物体底面的水平投影面，简称平面，记为 H 面；平行于物体正面的正立投影面，简称立面，记为 V 面；平行于物体侧面的侧立投影面，简称侧面，记为 W 面。三个投影面相互垂直又都相交，

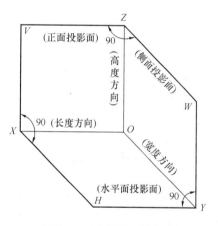

图 1-4 三个投影面的组成

交线称为投影轴。H 面与 V 面相交的投影轴用 OX 表示，简称 X 轴；W 面与 H 相交的投影轴用 OY 表示，简称 Y 轴；W 面与 V 面相交的投影轴用 OZ 表示，简称 Z 轴。三投影轴的交点 O，称为原点。

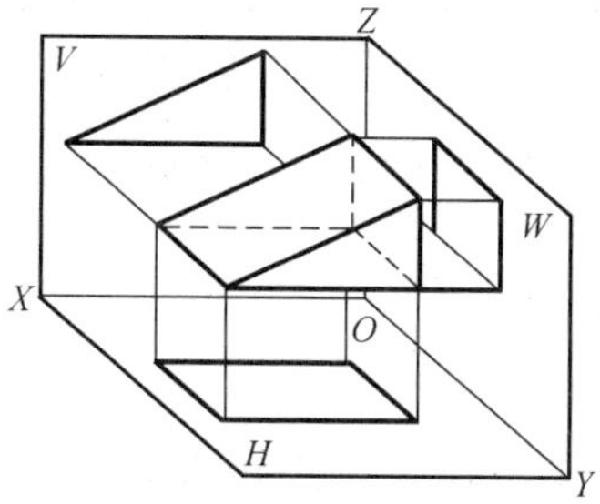

如图 1-5 所示，取一个三角形斜垫块，放在三个投影面中进行投影，按照前面所讲的规律，即可得到三个不同的视图。

立面 V 上的投影是一个直角三角形，它反映了斜垫块前后立面的实际形状，即长和高。

平面 H 上的投影是一个矩形，由于垫块的顶面倾斜于水平面，所以水平面上的矩形反映的是缩小了的

图 1-5 三角形斜垫块三视图

顶面的实形，即长和宽，同时也是底面的实形。

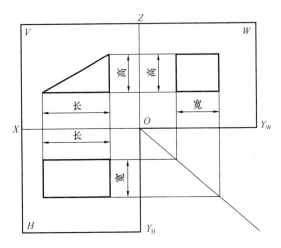

图 1-6　三角形斜垫块三面投影图

侧立面 W 上的投影也是一个矩形，它同时反映了缩小的斜面实形和垫块侧立面的实形，即高和宽。

在正立面上的投影称为主视图，建筑工程图中称为立面图；在水平面上的投影称为俯视图，建筑工程图中称为平面图；在侧立面上的投影称为左视图（有时还需要右视图），建筑工程图中称为侧面图。三个视图中，每个视图都可以反映物体两个方面的尺寸。三个视图之间存在以下投影关系，如图 1-6 所示。

由图 1-6 三面投影图可以得出下列规律：

主视图与俯视图：长对正。

主视图与左视图：高平齐。

俯视图与左视图：宽相等。

总之，三面视图具有等长、等高、等宽的三等关系，这是绘制和识读工程图的基本规律。

1.1.2　建筑识图基本知识

为了使工程图样达到统一，符合设计、施工和存档要求，便于交流技术和提高制图效率，国家颁布了《房屋建筑制图统一标准》GB/T 50001—2017，自 2018 年 5 月 1 日起实施。现将一些主要规定介绍如下。

1. 图幅、图框、标题栏及会签栏

（1）图幅

图幅是指工程制图所用图纸的幅面大小尺寸，它应符合表 1-1 的规定。这些图幅的尺寸是由基本幅面的短边成整数倍增加后得出，如图 1-7 所示。

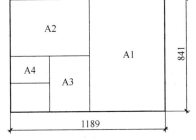

图 1-7　图样幅面的划分

根据需要，图样幅面的长边可以按有关规定加长，而短边不得加宽。

（2）图框

在图纸上必须用粗实线画出图框。留有装订边的图纸，其图框格式如图 1-8 所示，尺寸按表 1-1 的规定。

图纸幅面与图框尺寸（mm）　　　　　　　表 1-1

尺寸代号 幅面代号	A0	A1	A2	A3	A4
$b \times l$	841×1189	594×841	420×594	297×420	210×297
c	10			5	
a	25				

注：表中 b 为幅面短边尺寸，l 为幅面长边尺寸，c 为图框线与幅面线间宽度，a 为图框线与装订边间宽度。

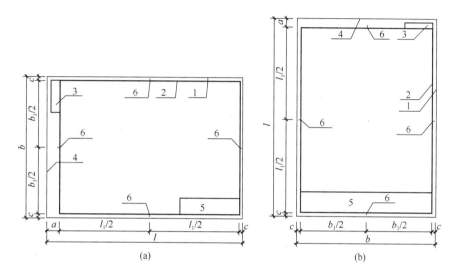

图 1-8　图框格式

（a）横式；（b）立式

1—幅面线；2—图框线；3—会签栏；4—装订边；5—标题栏；6—对中标志

为了使图样复制和缩微摄影时定位方便，对表 1-1 所列各号图纸，均应在图纸各边长的中点处分别画出对中标志。对中标志用粗实线绘制，线宽 0.35mm。长度从纸边界开始至伸入图框内约 5mm。

（3）标题栏

每张图纸上都必须画出标题栏。标题栏应填写设计单位（包括：设计人、绘图人、审批人等）的签名和日期、工程名称、图名、图纸编号等内容；标题栏必须放置在图框的右下角，使看图的方向与看标题栏的方向一致；图纸标题栏的格式与尺寸，如图 1-9 所示，根据工程需要选择确定其尺寸、格式及分区；签字区应包含实名列和签名列。对于涉外工程的标题栏内，各项主要内容的中文下方应附有译文，设计单位的上方或左方，应加"中华人民共和国"字样。

（4）会签栏

会签栏又称图签，格式如图 1-10 所示，尺寸应为 100mm×20mm。它是为各专业（如水暖、电气等）负责人签署专业、姓名、日期用的表格，一个会签栏不够时，可另加一个，两个会签栏应并列。

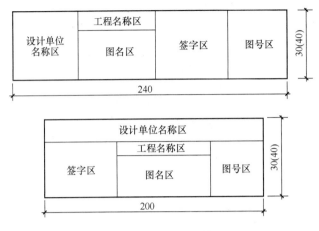

图 1-9 图纸标题栏

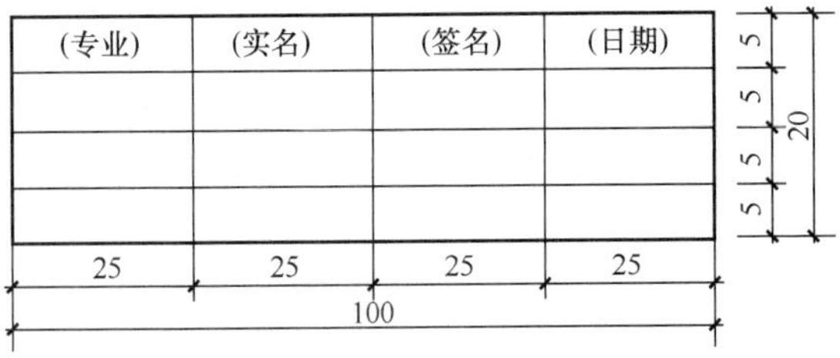

(专业)	(实名)	(签名)	(日期)

图 1-10 图纸会签栏

2. 图线

各种图形都是由线条组成的，而每张图纸所反映的内容不同，所以就要采用各种粗细、虚实的线条表示所画部位的含义。在《房屋建筑制图统一标准》GB/T 50001—2017 中，规定了建筑工程施工图常用的线形及其用途，见表 1-2。

施工图常用的线形及其用途   表 1-2

名称		线型	线宽	用途
实线	粗		b	主要可见轮廓线
	中粗		$0.7b$	可见轮廓线、变更云线
	中		$0.5b$	可见轮廓线、尺寸线
	细		$0.25b$	图例填充线、家具线
虚线	粗		b	见各有关专业制图标准
	中粗		$0.7b$	不可见轮廓线
	中		$0.5b$	不可见轮廓线、图例线
	细		$0.25b$	图例填充线、家具线
单点长画线	粗		b	见各有关专业制图标准
	中		$0.5b$	见各有关专业制图标准
	细		$0.25b$	中心线、对称线、轴线等
双点长画线	粗		b	见各有关专业制图标准
	中		$0.5b$	见各有关专业制图标准
	细		$0.25b$	假想轮廓线、成型前原始轮廓线

名称		线型	线宽	用途
折断线	细		0.25b	断开界线
波浪线	细		0.25b	断开界线

一般情况下，施工图中线形使用常符合下列规定：

（1）粗实线表示建筑施工图中的可见轮廓线，如剖面图中外形轮廓线，平面图中的墙体、柱子的断面轮廓等。

（2）中实线表示可见轮廓线；细实线表示可见次要轮廓线、引出线、尺寸线和图例线等。

（3）虚线表示建筑物的不可见轮廓线、图例线等；折断线用细实线绘制，用于省略不必要的部分。

（4）点划线可以表示定位轴线，作为尺寸的界限，也可以表示中心线、对称线等。

（5）波浪线用细实线绘制，主要用于表示构件等局部构造的内部结构。

3. 字体和比例

（1）字体

图纸上所需书写的文字、数字或符号等，均应笔画清晰、字体端正、排列整齐；标点符号应清楚正确。图纸及说明中的汉字，宜采用长仿宋体。

（2）比例

工程图纸都是按照一定的比例，将建筑物缩小（或放大），在图纸上画出。我们看到的施工图都是经过缩小（或放大）后绘制成。所绘制的图形与实物相对应的线性尺寸之比称为比例，用符号"："表示。比例大小用阿拉伯数字表示，如 1：20、1：50、1：100 等。

读图时从图上量得的实际长度乘以比例，就可以知道建筑物的实际大小。

4. 尺寸标注

施工图纸除了画出建筑物及其各部分的形状外，还必须准确、详尽、清晰和合理地标注尺寸，以表达形状和大小，作为施工时的依据。尺寸标注由尺寸线、尺寸界线、尺寸起止符号（45°短线或箭头）和尺寸数字组成，如图 1-11 所示。

《房屋建筑制图统一标准》GB/T 50001—2017 规定，施工图上的尺寸大小应以标注的尺寸数字为准，不应在图中直接量取；尺寸单位除总平面图和标高以米（m）为单位外，其余

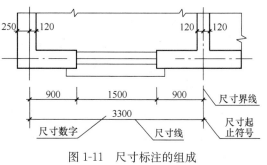

图 1-11 尺寸标注的组成

均以毫米（mm）为单位。

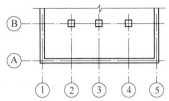

图 1-12 定位轴线及编号顺序

5. 定位轴线及编号

在建筑工程施工图中，凡是主要的承重构件如墙、柱、梁的位置都要用轴线来定位。定位轴线用细单点长画线绘制，如图 1-12 所示。

轴线编号应写在轴线端部的圆圈内，圆圈的圆心应在轴线的延长线上或延长线的折线上。横向编号应用阿拉伯数字标写，从左至右按顺序编号；纵向编号应用大写英文字母，从下至上按顺序编号，其中英文字母中的 I、O、Z 不能用于轴线号，以避免与 1、0、2 混淆。除了标注主要轴线之外，还可以标注附加轴线。附加轴线编号用分数表示，两根轴线之间的附加轴线，以分母表示前一根轴线的编号，分子表示附加轴线的编号。通用详图的定位轴线只画圆圈，不标注轴线号。

6. 标高

标高表示建筑物各部分的高度，是建筑物某一部位相对于基准面（标高的零点）的竖向高度，是竖向定位的依据。标高分为绝对标高和相对标高两种。

绝对标高是以海平面为零点计算的。我国是把青岛的黄海平均海平面定为绝对标高的零点，其他各地的绝对标高都以它为基础。通常在总平面图中将相对标高的起算点用绝对标高表达出来，以保证建筑物对于高度的控制。

相对标高，一般设计图上都采用相对标高来表达建筑物各部位的高度。通常把室内首层地面标高定为相对标高的零点，写作"±0.000"。高于它的为正，但一般不注"＋"符号；低于它的为负，必须注明符号"－"。各种设计图上的标高标注法如图 1-13 所示。

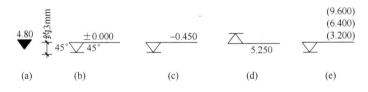

图 1-13 标高符号及标高数字的标注方法

设计图在标注相对标高时，根据所标注的位置不同可分为建筑标高和结构标高。

建筑标高是标注在建筑构配件的上面（或顶面），是装修完成后的标高。

结构标高通常标注在建筑构配件的下面（或底面），是不包括装修层的标高。

7. 图例和构件代号

图例是建筑工程施工图上用图形表示一定含义的符号；利用图例使得施工图所表达的内容简洁方便、清楚明白；对于识读施工图来说，了解图例所表示的图样内容和含义是读图的基本功。

材料图例是图例表达中使用最多的,《房屋建筑制图统一标准》GB/T 50001—2017 中通过列表的方式给出了常用材料或构件的图形,如表 1-3 为部分材料图例。

部分常用建筑材料图例 表 1-3

序号	名　称	图　例	备　注
1	自然土壤		包括各种自然土壤
2	夯实土壤		—
3	砂、灰土		—
4	砂砾石、碎砖三合土		—
5	石　材		—
6	毛石		—
7	实心砖、多孔砖		包括普通砖、多孔砖、混凝土砖等砌体

构件代号是施工图中对常用建筑构配件使用字母表达构配件名称的一种方法。《房屋建筑制图统一标准》GB/T 50001—2017 中规定了常用构配件的构件代号,如板用"B"、梁用"L"、柱用"Z"、屋面板用"WB"等。

1.1.3 建筑工程施工图

在建筑工程中,无论是建造住宅、学校等民用建筑,还是工厂等工业建筑,都必须依据施工图纸施工。一套完整的图纸可以借助一系列的图形,将建筑物各个方面的形状大小、内部布置、细部构造、结构、材料、布局以及其他施工要求,按照制图标准,准确而详尽地在图纸上表达出来。因此,图纸是各项建筑工程不可缺少的重要技术资料。另外,在工程技术界,图纸还经常用来表达设计构思,进行技术交流,相互交换意见,所以,图纸被称为工程界的共同语言。从事工程建设的施工技术人员的首要任务是要掌握这门"语言",具备看懂工程图纸的能力。

架子工在搭设脚手架前,应从建筑工程的施工图开始,了解建筑物的轮廓及其基本构成,看懂脚手架施工方案图,因此作为架子工必须先学会看建筑工程的施工图。施工图是建造房屋的主要依据,具有法律效力。施工人员必须按照图纸要求施工,不得任意更改。

1. 建筑工程施工图的种类

建筑工程施工图是建筑工程组织、指导施工,编制施工预算,进行各项经济、技术管理的主要依据。一套建筑工程施工图纸根据内容和作用的不同一般分为:建筑总平面图、建筑施工图(简称"建施")、结构施工图(简称"结施")和设备施工图(简称"设施")。设备施工图通常又包括给水排水、采暖通风、电气照明等三大类专业施工图。各专业图纸又分为基本图和详图两部分。基本图纸表明全局性的内容；详图表明某一构件或某一局部的详细尺寸和材料、作法等。

除此之外，一套完整的施工图还有图纸目录、设计总说明、门窗表等。

2. 施工图的编排顺序

一套施工图通常由几个专业的几张、几十张，甚至几百张图纸组成。为了方便识读，应按统一的顺序装订。一般按图纸目录、总说明、材料做法表、总平面图、建筑施工图、结构施工图、给排水施工图、采暖通风施工图、电气施工图的顺序来编排。各专业施工图应按图纸内容的主次关系来排列。全局性的图纸在前，局部性的图纸在后，如基础图在前，详图在后；主要部分在前，次要部分在后；先施工的图在前，后施工的图在后等顺序编排。

（1）图纸目录：主要说明该工程由哪些专业图纸组成，同时包括各类图的名称、内容、图号。

（2）总说明：主要说明工程的概况和总要求。内容包括设计依据、设计标准、施工要求等。具体包括建筑物的位置、坐标和周围环境；建筑物的层数、层高、相对标高与绝对标高；建筑物的长度和宽度；主出入口与次出入口；建筑物占地面积、建筑面积、平面系数；地基概况、地耐力强度；使用功能和特殊要求简述等。一般门窗汇总表也列在总说明页中。

（3）总平面图：简称"总施"，是表明新建建（构）筑物所在的地理位置和周围环境的总体平面布置图。其主要内容有：建筑物的外形，建筑物周围的地物或旧建筑，建成后的道路、绿化、水源、电源、下水干线的位置，以及水准点、指北针和"风玫瑰"，有的还包括标高、排水坡度等，如在山区还标有等高线。

（4）建筑施工图：主要表示新建建筑物的外部造型、内部各层平面布置以及细部构造、屋顶平面、内外装修和施工要求等。包括建筑总平面图、建筑物的平面图、立面图、剖面图和详图。

（5）结构施工图：主要说明建筑的结构设计内容。包括结构构造类型、承重结构的布置、各构件的规格和材料做法及施工要求等。其图纸主要有基础平面图和基础详图、各楼层和屋面结构平面布置图、结构构件（如柱、梁、板等）详图和楼梯、阳台、雨篷等构件详图。

（6）给水排水施工图：表示给水和排水系统的各层平面布置，管道走向及系统图，卫生设备和洁具安装详图。

（7）暖通空调施工图：表示室内管道走向、构造和安装要求，各层供暖和通风的平面布置和竖向系统图以及必要的详图。

（8）电气施工图：表示动力与照明电气布置、线路走向和安装要求及灯具位置。

包括平面图和系统图，以及必要的电气设备、配电设备详图。

（9）设备施工图：设备施工图表示设备位置、走向和设备基础及设备安装图。

3．施工图的识图方法

识读图纸时，不能东看一张，西看一张，不分先后和主次，这样往往花了很长的时间也看不懂施工图。一般看图的方法是：由外向里看，由大到小看，由粗至细看，图样与说明互相看，建筑图与结构图对照看；重点看轴线及各种尺寸关系。采取这种看图的方法就能收到较好的看图效果。归纳起来，识读整套图纸时，应按照"总体了解、顺序识读、前后对照、重点细读"的方法读图。

（1）总体了解

在拿到建筑施工图后，不用着急，一般是先看目录、总平面图和施工总说明，以了解是什么建筑物，建筑面积有多少。大致了解工程的概况：如工程设计单位、建设单位、新建房屋的位置、周围环境、施工技术要求等，共有多少张图纸。对照图纸目录检查各类图纸是否齐全，图纸编号与图名是否符合，采用了哪些标准图并备齐这些标准图，将其准备在手边以便随时查阅。然后看建筑平面图、立面图、剖面图，大体上想象一下建筑物的立体形象及内部布置。待图纸查阅齐全了就可以开始按顺序看图。

（2）顺序识读

在总体了解建筑物的情况以后，根据施工的先后顺序，先看设计总说明，了解建筑概况和技术、材料要求等，然后按图纸目录顺序往下看。先看总平面图，了解建筑物的地理位置、高程、朝向以及相关建筑的情况等；在看完总平面图后，再看建筑平面图，了解房屋的总长度、总宽度、轴线尺寸、开间大小，一般布局等；然后再看立面图和剖面图。从而达到对这栋建筑物有一个总体的了解。最好通过看这三种施工图，能在自己的头脑中形成这栋房屋的立体形象，能想象出它的规模和轮廓。

看结构图时，可以从基础图开始一步步地深入下去。如从基础的类型、挖土的深度、基础的尺寸、构造、轴线位置等开始仔细地阅读。可以按基础→结构→建筑（包括详图）→装修这样的施工顺序仔细阅读有关图纸。

（3）前后对照

读图时，要注意平面图、剖面图对照着读，建筑施工图与设备施工图对照着读，做到对整个工程施工情况及技术要求心中有数。

（4）重点细读

根据工种的不同，将有关专业施工图的重点部分再仔细读一遍，将遇到的问题记录下来，及时向技术部门反映。

图纸全部看完后，可按与不同工种有关的施工部分再将图纸细看，以详细了解所要施工的部分。在必要时可以边看图边做笔记，记下关键的内容，以供备查。这些关键的问题是：轴线尺寸、开间尺寸、层高、楼高、主要梁和柱的截面尺寸、长度、高度；混凝土强度等级、砂浆强度等级等。还要结合每个工序仔细看与施工有关部分的图纸。

1.1.4 建筑施工图识读

建筑施工图包括：建筑总平面图、建筑物的平面图、立面图、剖面图和详图等。

1. 建筑总平面图读图要点

（1）了解比例，熟悉图例，阅读文字说明。

（2）了解工程占地范围，地形、地物、地貌、周边环境及绿化情况。

（3）明确新建建筑物的位置，与周边原有建筑物、道路、环境等相互关系；明确建筑物平面定位及高程定位的依据，明确室外场地整平标高。

（4）了解水、暖、电源及各种管线引入的位置及方向。

2. 平面图读图要点

（1）底层平面图是重点。底层平面图绘制最详细，标注也最齐全，其余各层图中，与底层相同的内容往往较为简略，读图时，应先读懂底层图。读楼层平面图时，随时对照底层图阅读。

（2）结合详图阅读。因平面图比例较小，许多部位都另配有详图（如楼梯、卫生间详图等），读图时，要结合详图阅读。

（3）要掌握主要尺寸数据。读图时，要做记录，掌握一些尺寸数据，如房屋的长宽尺寸、墙体的厚度尺寸、门窗洞口的定型定位尺寸等。

3. 立面图读图要点

（1）明确立面图的竖向尺寸。立面图中竖向尺寸均用标高表示。要明确标高的零点位置，楼层间的尺寸要用标高换算。读图时，要大致算一算，以明确各楼层间的尺寸关系。

（2）明确各立面的装修做法。一般建筑正立面是装修的重点，其余各面与之有差别。读图时，要分别读各立面的装修做法。

4. 剖面图读图要点

（1）要注意房屋平、立、剖三者之间的关系。平面图、立面图上的一些内容常在剖面图中也有表示，读剖面图时，要对照平面图、立面图阅读，明确三者之间的关系。

（2）注意建筑标高和结构标高的差别。建筑施工图中的标高为"建筑标高"，结构施工图中的标高为"结构标高"，建筑标高是标注在建筑已完成后的表面标高，而结构标高则标注在施工过程中结构构件的安装高度（顶面或底面）。两者之间有一定的差别，如层高的标注，建筑标高是指楼面面层已做好后的表面高度，而结构标高则是指结构安装后的板面（或板底）的高度。两者差数即为面层的厚度。

1.1.5 结构施工图识读

结构施工图包括：结构设计说明、基础平面图和基础详图、各楼层和屋面结构平面布置图、结构构件（如柱、梁、板等）详图和楼梯、阳台、雨篷等构件详图等。

结构设计说明应了解主要设计依据，如±0.000 相对的绝对标高，地基承载力，地震设防烈度，构造柱、圈梁的设计变化，材料的型号，预制构件统计表，验槽及施工要求等。

1. 基础平面图读图要点

（1）定位轴线编号、尺寸，必须与建筑平面图完全一致。

（2）注意基础形式，了解其轮廓线尺寸与轴线的关系。当为独立基础时，应注意基础和基础梁的编号。

（3）看清基础梁的位置、形状。

（4）通过剖切线的位置及编号，了解基础详图的种类及位置，掌握基础变化的连续性。

（5）了解预留沟槽、孔洞的位置及尺寸。有设备基础时，还应了解其位置、尺寸。

2. 基础详图读图要点

（1）基础的断面尺寸、构造做法和所用的材料。

（2）基底标高、垫层的做法，防潮层的位置及做法。

（3）预留沟槽、孔洞的标高，断面尺寸及位置等。

3. 楼层结构平面布置图读图要点

楼层结构的类型很多，一般常见的分为预制楼层、现浇楼层以及现浇和预制各占一部分的楼层。

（1）预制楼层结构平面布置图

通常为安装预制梁、板等预制构件时使用。读图时主要了解下列内容：

1）楼层各种预制构件的名称、编号、相对位置、数量、定位尺寸及其与墙体（或构件支撑结构）的关系等。

2）梁、板、墙、圈梁等构件之间的搭接关系和构造处理。

3）阅读结构平面布置图时，应与建筑平面图及墙身剖面图等建筑图配合阅读。

（2）现浇楼层结构平面布置图

读图时同样应与相应的建筑平面图及墙身剖面图等建筑图配合阅读。

现浇楼层结构平面布置图及剖面图，通常在现场支模板、浇筑混凝土、制作梁板等时使用。图中主要包括平面布置、剖面、钢筋表和文字说明。图上主要标注有轴线编号、轴线尺寸、梁的布置和编号、板的厚度和标高、配筋情况，以及梁、楼板、墙体之间的关系等。

4. 构件及节点详图

（1）构件详图：表明构件的详细构造做法。

（2）节点详图：表明构件间连接处的详细构造和做法。构、配件和节点详图可分为非标准的和标准的两类。按照统一标准的设计原则，通常将量大面广的构配件和节点设计成标准构、配件和节点，绘制成标准详图，便于批量生产，共同使用，这是标准的。非标准的一般根据每个工程的具体情况，单独进行设计、绘制成图。

1.2　房屋建筑构造

房屋建筑是指供人们生产、生活、学习、工作、居住以及从事文体活动的房屋。房屋建筑多种多样，其建筑实体一般由承重结构、围护结构、装饰装修和附属设备等不同的构造组成构成，建筑构造就是将房屋建筑的各个构造组成分离出来，确定各部分的构造做法、相互关系和组合原理的学科。

1.2.1　房屋建筑分类

1. 房屋建筑按使用性质分类

（1）工业建筑

工业建筑是指工业生产用的厂房及附属配套用房屋，如建筑机械厂、钢铁厂、发电厂等的厂房、生产及辅助车间，以及与其配套的原材料和产品仓库、锅炉房、变配电室等。

（2）民用建筑

民用建筑是供人们居住、生活、学习、工作和娱乐的场所，如住宅、旅馆、医院、商场等。

（3）农业建筑

农业建筑是人们从事农业生产而修建的房屋，如粮仓、蓄舍、鸡场等。

2. 房屋建筑按结构主要承重材料分类

（1）木结构房屋

木结构房屋是主要用木材承受房屋的荷载，用砖石作为围护结构的建筑，如古建筑、某些少数民族居住的房屋。现已很少修建这种结构类型的房屋。

（2）砖混结构房屋

砖混结构房屋主要用砖石砌体作为房屋的承重结构，其中，楼板可以用钢筋混凝土楼板或木楼板，屋顶使用钢筋混凝土屋面板或屋架、木屋架及坡屋面盖瓦。

（3）钢筋混凝土结构房屋

钢筋混凝土结构房屋的主要承重结构，如梁、板、柱、屋架都是采用钢筋混凝土制成。目前，建筑工程中广泛采用这种结构形式。

（4）钢结构房屋

钢结构房屋主要骨架采用钢材（主要是型钢）制成。如钢柱、钢梁、钢屋架。一般用于高大的工业厂房及高层、超高屋建筑。

3. 按建筑高度分类

依据《民用建筑设计统一标准》GB 50352—2019，民用建筑按地上建筑高度或层数进行分类应符合下列规定：

（1）建筑高度不大于 27.0m 的住宅建筑、建筑高度不大于 24.0m 的公共建筑及建筑高度大于 24.0m 的单层公共建筑为低层或多层民用建筑。

（2）建筑高度大于 27.0m 的住宅建筑和建筑高度大于 24.0m 的非单层公共建筑，且高度不大于 100.0m 的，为高层民用建筑。

（3）建筑高度大于 100.0m 为超高层建筑。

注：建筑防火设计应符合现行国家标准《建筑设计防火规范（2018 年版）》GB 50016—2014 有关建筑高度和层数计算的规定。

1.2.2 房屋建筑的构造组成及作用

尽管房屋的使用功能和使用对象不同，但其基本组成内容是相似的，都是由许多建筑结构的构配件组成。

1. 民用建筑构造

民用建筑一般由基础、墙或柱、楼板、地面、楼梯、屋顶、门窗等主要构件组成。虽然各组成部分作用不同，但概括起来主要是两大类，即承重结构和围护结构。如图 1-14 所示为多层砖混结构的基本组成。

（1）基础

基础位于建筑物的最下部，起支撑建筑物的作用。它承受建筑物的全部荷载，并将这些荷载传给地基。为此要求基础必须坚固、稳定，能够承受地下水的侵蚀。

（2）墙和柱

墙是建筑物的竖向围护构件，一般情况下也是承重构件。它承受从屋顶、各楼层和楼梯等上部结构传来的荷载及自重并传递给基础。承受上部传来的荷载的墙是承重墙，只承受自重的墙是非承重墙。作为围护构件，外墙分隔建筑物内

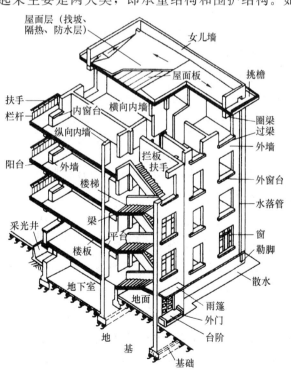

图 1-14 多层砖混结构的构造组成

外空间，抵御自然界各种因素对建筑的侵袭；内墙分隔建筑物内部空间，避免互相干扰。墙体同时还有保温、隔热、隔声、防水、防火、防潮和节能等作用。

柱是建筑物的承重构件，此时，柱间墙一般为围护结构。

墙和柱基本要求是坚固和稳定，能够满足承载力的要求。

（3）楼板和地面

楼板是建筑物水平方向的承重构件，将建筑空间分隔为若干层，承受作用在楼板上的家具、设备、人等的荷载，连同自重传递给墙或柱。楼板支撑在墙或柱上，对墙或柱起水平支撑的作用，增加了墙或柱的稳定性，因此必须具有足够的强度和刚度。另外，楼板应有一定的隔声、隔热、防水能力以及耐磨性。

地面位于首层房间，承受首层房间的荷载并传给地基，是建筑物与地基的隔离构件，应具有一定的防潮、防水、保温等功能。

（4）楼梯

楼梯是楼房建筑的垂直交通设施，供人们平时上下和紧急疏散时使用。楼梯应有足够的通行能力，足够的强度和刚度以及具有防火、防滑等功能。

（5）屋顶

屋顶是建筑物顶部的围护和承重构件，由屋面和承重结构两部分组成。屋面因素抵御自然界雨、雪等自然因素的侵袭，并将雨水排除。承重结构承受着房屋顶部的全部荷载，并将这些荷载传给墙或柱。因此，屋顶必须具有足够的强度和刚度，以及保温、隔热、防火、节能和排水等功能。

（6）门窗

门窗均属于围护构件，为非承重构件。门主要用作内外交通联系及分隔房间。有的兼有通风和采光作用，有的也有装饰作用。门要有足够的高度和宽度；窗的主要作用是采光和通风。根据建筑物所处环境，门窗应有保温、隔热、隔声、防风沙和节能等作用。

除上述六大组成部分以外，还有一些其他构件，如阳台、雨篷、台墙阶、散水、烟囱、通风道等。

2. 工业建筑构造

工业建筑主要是指人们可在其中进行工业生产活动的生产用房屋，又称工业厂房。由于工业部门不同，生产工艺各不相同，所以工业建筑类型较多。

工业建筑按层数分为单层工业厂房和多层工业厂房。

按其主体承重结构组成的不同，分为排架结构和框架结构。排架结构是指由柱与屋架组成的平面骨架，其间用纵向支撑及连系构件等纵向拉结；框架结构是指由柱与梁组成的立体骨架。单层工业厂房常采用排架结构；多层工业厂房常采用框架结构，其构造与民用建筑相似。

单层工业厂房是工业建筑中最为常见的厂房形式，一般由组成排架的承重骨架和围护结构两部分组成。承重骨架采用钢筋混凝土构件或钢材制作。单层工业厂房主要由基础、柱子、吊车梁、屋盖系统和围护结构组成，如图 1-15 所示。

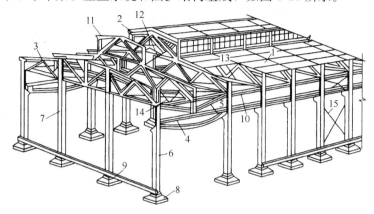

图 1-15　单层工业厂房构造组成

1—屋面板；2—天沟板；3—屋架；4—吊车梁；5—托架；6—排架柱；7—抗风柱；

8—基础；9—基础梁；10—连系梁；11—天窗架；12—天窗架垂直支撑；

13—屋架下弦纵向水平支撑；14—屋架端部垂直支撑；15—柱间支撑

（1）基础

排架结构基础通常采用柱下独立基础或柱下联合基础，用于承受作用在柱子上的全部荷载以及基础梁传来的部分墙体荷载，并将其传递给地基。

（2）柱子

为安放吊车梁，单层工业厂房柱通常采用带牛腿的牛腿柱，用于承受屋架、吊车梁、外墙和柱间支撑传来的荷载，并传给基础。

（3）吊车梁

支承在柱子的牛腿上，承受吊车自重、起吊重量以及刹车时产生的水平作用力，并将其传给柱子。

（4）屋盖系统

屋盖系统由屋架、屋面板、天窗架、托架等构件组成。

1）屋架：是单层工业厂房排架系统中的主构件，支承在柱子上。承受屋盖系统的全部荷载，并将其传给柱子。

2）屋面板：直接承受屋面荷载，并将其传给屋架。

3）天窗架：支承在屋架上，承受天窗架以上屋面板及屋面上的荷载，并将其传给屋架。

4）托架：设置在两柱之间，直接支撑在牛腿柱上，用于柱子间距比屋架间距大时，支承屋架的结构构件。托架承受屋架传递的荷载，并将其荷载传给柱子。

（5）支撑系统

支撑系统包括设置在屋架之间的屋架支撑和设置在纵向柱列之间的柱间支撑。主要传递水平风荷载及吊车产生的水平荷载，保证厂房的空间刚度和稳定性。

（6）围护结构

单层厂房的围护结构主要承受风荷载和自重，并将这些荷载传给柱子，再传到基础。一般包括外墙、地面、门窗、天窗、屋顶等。

1.3 建筑结构

所谓结构是指能承受和传递作用并具有适当刚度的由各连接部件组合而成的整体，俗称承重骨架。建筑结构就是房屋建筑的承重骨架系统。为实现建筑物的设计要求，并满足对结构的安全性、适用性和耐久性等结构可靠性要求，房屋建筑在施工前，必须根据既定条件和有关设计标准的规定进行房屋建筑的结构设计，包括：结构选型、材料选择、分析计算、构造配置及制图工作，形成房屋建筑施工图。

脚手架的结构主要由各种杆件组成，如扣件式钢管脚手架，主要由立杆、纵向水平杆、横向水平杆、剪刀撑以及连墙杆等组成；脚手架工程施工前应编制施工方案，对脚手架的结构进行必要的结构设计计算。

1.3.1 荷载及其分类

引起结构失去平衡或破坏的外部作用主要有：直接施加在结构上的各种力，习惯上称为荷载，例如：结构自重（恒载）、活荷载、积灰荷载、雪荷载、风荷载等；另一类是间接作用，是指在结构上引起附加变形或约束变形的其他作用，例如：混凝土收缩、温度变化、焊接变形、地基沉降等形成的附加荷载。荷载分类方法如下：

1. 按随时间的变异分类

（1）永久作用（永久荷载或恒载）

在设计基准期内，其值不随时间变化；或其变化可以忽略不计。如：结构自重、土压力、预加应力、混凝土收缩、基础沉降、焊接变形等。

（2）可变作用（可变荷载或活荷载）

在设计基准期内，其值随时间变化。如安装荷载、屋面与楼面上的活荷载、雪荷载、风荷载、吊车荷载、积灰荷载等。

（3）偶然作用（偶然荷载、特殊荷载）

在设计基准期内可能出现，也可能不出现，而一旦出现其值很大，且持续时间较短。例如爆炸力、撞击力、雪崩、严重腐蚀、地震、台风等。

2. 按结构的反应分类

（1）静态作用或静力作用

不使结构或结构构件产生加速度或所产生的加速度可以忽略不计。例如结构自重、住宅与办公楼的楼面活荷载、雪荷载等。

（2）动态作用或动力作用

使结构或结构构件产生不可忽略的加速度。例如地震作用、吊车设备振动、高空坠物冲击作用等。

3．按荷载作用面大小分类

（1）均布面荷载 Q

建筑物楼面上均布荷载，如铺设的木地板、地砖、花岗石、大理石面层等重量引起的荷载。均布面荷载 Q 值的计算，可用材料单位体积的重度 γ 乘以面层材料的厚度 d，得出增加的均布面荷载值，即 $Q=\gamma \cdot d$。

（2）线荷载

建筑物原有的楼面或层面上的各种面荷载传到梁上或条形基础上时，可简化为单位长度上的分布荷载，称为线荷载 q。

（3）集中荷载

集中荷载是指荷载作用的面积相对于总面积而言很小，可简化为作用在一点的荷载。

4．按荷载作用方向分类

（1）垂直荷载

按垂直方向作用在建筑结构上，如结构自重、雪荷载等。

（2）水平荷载

按水平方向作用在建筑结构上，如风荷载、水平地震作用等。

5．施工和检修荷载

在建筑结构工程施工和检修过程中引起的荷载，习惯上称施工和检修荷载。施工荷载包括：施工人员和施工工具、设备和材料等重量及设备运行的振动与冲击作用。检修荷载包括：检修人员和所携带检修工具的重量。施工和检修荷载一般作为集中荷载计算。

1.3.2 建筑结构的功能要求

结构设计的主要目的是要保证所建造的结构安全适用，能够在规定的期限内满足各种预期的功能要求，并且要经济合理。具体说，结构应具有以下几项功能：

（1）安全性

在正常施工和正常使用的条件下，结构应能承受可能出现的各种荷载作用和变形而不发生破坏；在偶然事件发生后，结构仍能保持必要的整体稳定性。例如，厂房结构平时受自重、吊车、风和积雪等荷载作用时，均应坚固不坏；而在遇到强烈地震、爆炸等偶然事件时，容许有局部的损伤，但应保持结构的整体稳定而不发生倒塌。

（2）适用性

在正常使用时，结构应具有良好的工作性能。如吊车梁变形过大会使吊车无法正常运行，水池出现裂缝便不能蓄水等，都会影响结构的正常使用，需要对变形、裂缝等进行必要的控制。

（3）耐久性

在正常维护的条件下，结构应能在预计的使用年限内满足各项功能要求，也即应具有足够的耐久性。例如，不致因混凝土的老化、腐蚀或钢筋的锈蚀等而影响结构的使用寿命。

结构的安全性、适用性和耐久性概括称为结构的可靠性。

1.3.3 建筑结构体系

建筑结构主要根据房屋建筑的承重结构类型划分，常见的结构体系有如下几种：

（1）混合结构

混合结构是指由不同材料制成的结构构件所组成的结构。通常指基础采用砖石，墙体采用砖或其他块材，楼（屋）面采用木结构、钢结构或钢筋混凝土结构建成的房屋。例如，竖向承重构件用砖墙、砖柱，水平构件用钢筋混凝土梁、板所建造的砖混结构，是最常见的混合结构。

由于混合结构有取材和施工方便，整体性、耐久性和防火性好，造价便宜等优点，所以混合结构在我国，特别是县级以下和广大农村应用十分广泛，多用于 7 层以下、层高较低、空间较小的住宅、旅馆、办公楼、教学楼以及单层工业厂房中。

（2）框架结构

框架结构是由纵向、横向的水平梁、柱和楼板刚性连接组成的结构。目前，我国框架结构多采用钢筋混凝土建造，也有采用钢框架的。

框架结构强度高、自重轻、整体性和抗震性好。墙体不承重，内外墙仅分别起分隔和围护作用，因此目前多采用轻质墙体材料。框架结构平面布置灵活，可任意分隔房间。它既可用于大空间的商场、工业生产车间、礼堂、食堂，也可用于办公楼、医院、学校和住宅等建筑。

钢筋混凝土框架结构体系在非抗震设防地区用于 15 层以下的房屋，抗震设防地区多用于 10 层以下建筑。个别也有超过 10 层的，如北京长城饭店就是 18 层钢筋混凝土框架结构。

（3）剪力墙结构

剪力墙结构是全部由纵、横向的钢筋混凝土墙体所组成的结构，如图 1-16 所示。钢筋混凝土墙除抵抗水平地震作用和竖向荷载外，还对房屋起着围护和分隔作用。由于剪力墙结构的房屋平面布置极不灵活，所以常用于高层住宅、旅馆等建筑。

剪力墙结构的整体刚度极好，因此它可以建得很高，一般多用于25～30层以上的房屋。但剪力墙结构造价较高。

对底部（或底部2～3层）需要大空间的高层建筑，可将底部（或底部2～3层）的若干剪力墙改为框架，这种结构体系称为框肢剪力墙结构，如图1-17所示。框肢剪力墙结构不宜用于抗震设防地区的建筑物。

（4）框架-剪力墙结构

钢筋混凝土框架-剪力墙结构以框架为主，是通过选择纵、横方向的适当位置，在柱与柱之间设置几道厚度大于140mm的钢筋混凝土剪力墙而构成，如图1-18所示。

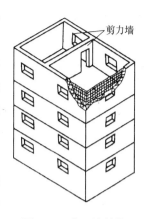

图1-16 剪刀墙结构

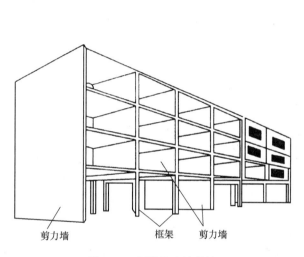

图1-17 框肢剪力墙结构

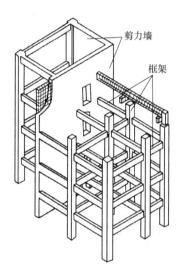

图1-18 框架-剪力墙结构

当房屋高度超过一定限度后，在风荷载或地震作用下，靠近底层的承重构件的内力（弯矩M，剪力V）和房屋的侧向位移将随房屋高度的增加而急剧增大。采用框架结构，底层的梁、柱尺寸就会很大，房屋造价不仅增加，而且建筑使用面积也会减少。在这种情况下，通常采用钢筋混凝土框架-剪力墙结构。

框架-剪力墙结构，在风荷载和地震作用下产生的水平剪力主要由剪力墙来承担，而框架则以承受竖向荷载为主，这样可以大大减小柱的截面面积。剪力墙在一定程度上限制了建筑平面布局的灵活性，所以框架-剪力墙结构一般用于办公楼、旅馆、住宅等柱距较大、层高较高的16～25层高层公共建筑和民用建筑；也可用于工业厂房。由于框架-剪力墙结构充分发挥了剪力墙和框架各自的特点，因此，在高层建筑中采用框架-剪力墙结构比框架结构更经济合理。

（5）筒体结构

筒体结构是框架-剪力墙结构和剪力墙结构的演变与发展。随着房屋的层数的进一步增加，房屋结构需要具有更大的侧向刚度以抵抗风荷载和地震作用，因此出现了筒体结构。

筒体结构根据房屋高度和水平荷载的性质、大小的不同，可以采用四种不同的形式，如图1-19所示。

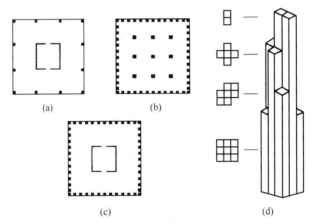

图1-19 筒体结构

（a）核心筒；（b）框架外单筒；（c）筒中筒；（d）组合筒

核心筒结构的核心部位设置封闭式剪力墙呈 筒体，周边为框架结构，如图1-20所示。其核心筒筒内一般多作为电梯、楼梯和垂直管道的通道。核心筒结构多用于超高层的塔式建筑。

为了满足采光的要求，在筒壁上开有孔洞，这种筒叫作空腹筒。当建筑物高度更高，要求侧向刚度更大时，可采用筒中筒结构，如图1-21所示。这种筒体由空腹外筒和实腹内筒组成，内外筒之间用框架梁或连系梁连接，形成一个刚性极好的空间结构。

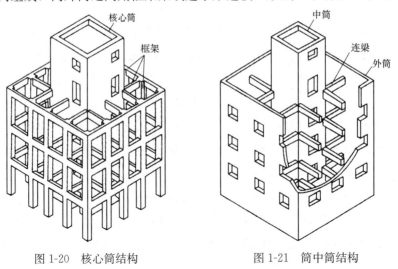

图1-20 核心筒结构　　　　　图1-21 筒中筒结构

筒体结构将钢筋混凝土剪力墙围成侧向刚度很大的封闭筒体，因剪力墙的集中而获得较大的空间，平面设计较灵活，适用于办公楼等高层或超高层（高度 $H>100\text{m}$）的各种公共与商业建筑中，如饭店、写字楼等。

（6）大板结构

装配式钢筋混凝土大板结构是由预制的钢筋混凝土大型外墙板、内墙板、隔墙板、楼板、屋面板、阳台板等构件装配而成的结构。墙板与墙板、墙板与楼板、楼板与楼板的结合处可用焊接和局部浇筑使其成为整体，如图 1-22 所示。

大板建筑适用于高层小开间建筑，如住宅、旅馆、办公楼等。

（7）大跨空间结构

大跨空间结构是指在体育场馆、大型火车站、航空港等公共建筑中所采用的结构。在这种结构中，竖向承重结构构件多采用钢筋混凝土柱，水平体系多采用钢结构，如屋盖采用钢网架、薄壳或悬索结构等。大跨度建筑及作为其核心的空间结构技术的发展状况是代表一个国家建筑科技水平的重要标志之一。

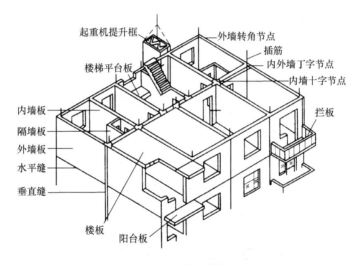

图 1-22　大板结构

大跨空间结构的类型和形式十分丰富多彩，习惯上分为如下这些类型：钢筋混凝土薄壳结构、平板网架结构、网壳结构、悬索结构、膜结构和索-膜结构。1956 年建成的天津体育馆钢网壳（跨度 52m）和 1961 年同济大学建成的钢筋混凝土网壳（跨度 40m）可作为网壳结构的典型代表。我国首先采用网架的建筑是北京首都体育馆，它的屋盖宽度为 499m，长度达 112.2m，厚 6m，采用型钢构件，高强螺栓联结，用钢量仅为 65kg/m² 。

近二十几年来，由于电子计算机的迅速推广和应用，钢网架的内力分析从冗繁的计算中得到解放，使大跨空间结构逐渐得到了广泛应用。

2 架子工技术基础

本章是介绍脚手架的基本知识，主要内容包括：脚手架的基本概念、脚手架在建筑工程施工过程中的作用、常用脚手架的类型、架子工在施工中使用的工具、脚手架施工过程中的安全防护要求以及脚手架施工的专项施工方案等。通过本章的学习，使学员对建筑工程使用的脚手架有一些基本的了解，为后续内容的学习奠定良好的基础。

2.1 脚手架的作用和类型

2.1.1 脚手架的概念

为建筑施工而搭设的，能够承受一定荷载的临时操作平台，包含规范规定的各类脚手架与支撑架，统称为脚手架。脚手架是建筑施工中不可缺少的空中作业工具，无论结构施工还是室外装饰装修施工以及设备安装都需要根据操作要求搭设脚手架。

2.1.2 脚手架的作用

脚手架在砌筑工程、混凝土工程、装修工程以及设备安装工程中得到广泛的应用，其作用主要是以下四个方面：

（1）可以使操作人员在不同部位进行施工操作。

（2）可以按规定要求在脚手架上堆放必要的建筑材料。

（3）必要的情况下可以按设计要求进行短距离的建筑材料运输。

（4）保证施工作业人员在高空操作时的安全。

2.1.3 搭设建筑脚手架的基本要求

无论哪一种脚手架，必须满足以下基本要求：

（1）满足施工的使用要求。脚手架要有足够的作业面（如：适当的宽度、步架高度、离墙距离等），以保证施工工人操作、材料堆放及运输的要求。

（2）构架稳定、承载可靠、使用安全。脚手架要有足够的强度、刚度及稳定性，施工期间在规定的天气条件和允许荷载作用下，脚手架不变形、不摇晃、不倾斜。

（3）脚手架的构造要简单。构造简单使搭设和拆除以及搬运方便，能多次周转使用。

（4）脚手架造价要经济。脚手架所使用的材料应因地制宜，就地取材，尽量利用自备和可租赁的脚手架材料，节省脚手架费用。

脚于架的宽度一般为 1.5～2m，每步架高 1.2～1.4m；脚手架使用应符合规定；荷载不应超过 2.7kN/m²；应有可靠的安全防护措施。

2.1.4 脚手架的类型

脚手架的分类方式较多，比较常用的有如下几种：

（1）按脚手架的用途分：操作用脚手架，防护用脚手架，承重、支撑用脚手架。

（2）按脚手架材料分：木脚手架，竹脚手架，金属（钢、铝）脚手架等。

（3）按脚手架搭设位置分：外脚手架和里脚手架等。

（4）按脚手架结构和构造型式分：外脚手架的多立杆式、门式、碗扣式、悬吊式、挑梁式、升降式以及里脚手架的折叠式、支柱式、伞脚折叠式和组合式操作平台等。

2.2 架子工常用工具

架子工的工具主要包括两大类：安全保障工具和施工用工具。

2.2.1 安全保障工具

架子工安全保障工具主要包括：安全带、安全绳、安全帽、防滑鞋等。

安全带是架子工高处作业预防坠落伤亡事故的个人防护用品，被工人们誉为救命带。安全带是由带子、绳子和金属配件组成，如图 2-1 所示。

安全带的正确使用方法：

架子工在脚手架上进行高处作业时，必须系好安全带。安全带应该高挂低用，注意防止摆动碰撞。若安全带低挂高用，一旦发生坠落，将增加冲击力，带来危险。

安全绳的长度限制在 1.5～2.0m，使用 3m 以上长绳应加缓冲器。不准将绳打结使用，也不准将钩直接挂在安全绳上使用，应挂在连接环上用。

安全带上的各种部件不得任意拆掉，使用 2 年以上应抽检一次。悬挂

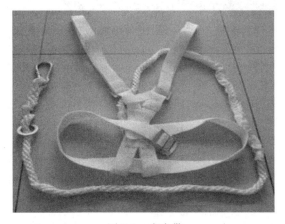

图 2-1 安全带

安全带应作冲击试验，以 100kg 重量作自由坠落试验，若不破坏，该批安全带可继续使用。频繁使用的绳，要经常作外观检查，发现异常时，应提前报废。

新使用的安全带必须有产品检验合格证，无合格证明不准使用。

2.2.2 架子工施工用工具

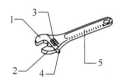

图 2-2　活络扳手
1—呆扳唇；2—活扳唇；
3—蜗轮；4—轴销；
5—手柄

架子工施工用工具主要包括：各种扳手、卷尺、哨子等，其中扳手是最常用的将螺栓或螺母旋紧或拧松的手工工具。常用的扳手类型主要有活络扳手、开口扳手和扭力扳手等，如图 2-2、图 2-3 所示。

近几年随着科技的发展各种小型电动工具得到普遍的应用。在脚手架施工中电动扳手以其携带方便、操作灵活省力被架子工广泛使用，如图 2-4 所示。电动扳手可以通过更换不同尺寸的套筒，适应各种不同直径的螺栓或螺母，如图 2-5 所示。

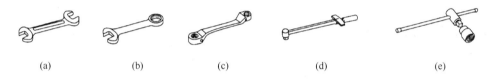

(a)　　　　　(b)　　　　　(c)　　　　　(d)　　　　　(e)

图 2-3　常用扳手
(a) 开口扳手；(b) 两用扳手；(c) 梅花扳手；(d) 扭力扳手；(e) 套筒扳手

图 2-4　电动扳手

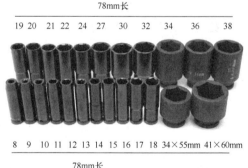

图 2-5　电动扳手用套筒

架子工在使用电动扳手时应注意如下事项：

（1）确认现场所接电源与电动扳手铭牌相符，并注意应有相应的漏电保护器。

（2）根据螺帽大小选择匹配的套筒并妥善安装。

（3）在送电前确认电动扳手上开关为断开状态，否则插头插入电源插座时电动扳手将出其不意地立刻转动，易造成伤害危险。

（4）若作业场所在远离电源的地点，须延伸电缆线时，应使用容量足够、安装合格的电缆延伸线。延伸电缆线时应有防止线缆被碾压损坏的措施。

（5）尽可能在使用电动扳手时，找好反力矩支靠点，以防反作用力伤人。

（6）使用时发现电动机碳火花异常时，应立即停止工作，进行检查处理排除故障。此外碳刷必须保持整洁干净。

2.3　脚手架的安全管理

架子工作业通常是在脚手架上进行的，属于危险性较大的高空作业，因此对从业人员的安全意识要求较高。同时，施工场地的安全防护必须要满足相关的要求。

2.3.1　持证上岗制度

建筑架子工属于特种作业人员，应年满 18 周岁，具有初中以上文化程度，接受专门安全操作知识培训，经建设主管部门考核合格，取得"建筑施工特种作业操作资格证书"，方可在建筑施工现场从事落地式脚手架、悬挑式脚手架、模板支架、外电防护架、卸料平台、洞口临边防护等登高架设、维护、拆除作业。作为建筑架子工应当遵守以下规定：

（1）每年须进行一次身体检查，没有色盲、听觉障碍、心脏病、梅尼埃病、癫痫、眩晕、突发性昏厥、断指等妨碍作业的疾病和缺陷。

（2）首次取得证书的人员实习操作不得少于 3 个月；否则，不得独立上岗作业。

（3）每年应当参加不少于 24h 的安全生产教育。

2.3.2　安全管理

《建筑施工扣件式钢管脚手架安全技术规范》JGJ 130—2011（以下简称《扣件式脚手架规范》）第九章明确规定了脚手架施工中的安全管理相关要求，在施工中应严格执行。

（1）扣件式钢管脚手架安装与拆除人员必须是经考核合格的专业架子工。架子工应持证上岗。

（2）搭拆脚手架人员必须戴安全帽、系安全带、穿防滑鞋。

（3）脚手架的构配件质量与搭设质量，应按《扣件式脚手架规范》第 8 章的规定进行检查验收，并应确认合格后使用。

（4）钢管上严禁打孔。

（5）作业层上的施工荷载应符合设计要求，不得超载。不得将模板支架、缆风绳、泵送混凝土和砂浆的输送管等固定在架体上；严禁悬挂起重设备，严禁拆除或移动架体上安全防护设施。

（6）满堂支撑架在使用过程中，应设有专人监护施工，当出现异常情况时，应立即停止施工，并应迅速撤离作业面上人员。应在采取确保安全的措施后，查明原因、做出判断和处理。

（7）满堂支撑架顶部的实际荷载不得超过设计规定。

（8）当有六级强风及以上风、浓雾、雨或雪天气时应停止脚手架搭设与拆除作业。雨、雪后上架作业应有防滑措施，并应扫除积雪。

（9）夜间不宜进行脚手架搭设与拆除作业。

（10）脚手架的安全检查与维护，应按《扣件式脚手架规范》第 8.2 节的规定进行。

（11）脚手板应铺设牢靠、严实，并应用安全网双层兜底。施工层以下每隔 10m 应用安全网封闭。

（12）单、双排脚手架、悬挑式脚手架沿架体外围应用密目式安全网全封闭，密目式安全网宜设置在脚手架外立杆的内侧，并应与架体绑扎牢固。

（13）在脚手架使用期间，严禁拆除下列杆件：

主节点处的纵、横向水平杆，纵、横向扫地杆；连墙件。

（14）当在脚手架使用过程中开挖脚手架基础下的设备基础或管沟时，必须对脚手架采取加固措施。

（15）满堂脚手架与满堂支撑架在安装过程中，应采取防倾覆的临时固定措施。

（16）临街搭设脚手架时，外侧应有防止坠物伤人的防护措施。

（17）在脚手架上进行电、气焊作业时，应有防火措施和专人看守。

（18）工地临时用电线路的架设及脚手架接地、避雷措施等，应按现行行业标准《施工现场临时用电安全技术规范（附条文说明）》JGJ 46—2005 的有关规定执行。

（19）搭拆脚手架时，地面应设围栏和警戒标志，并应派专人看守，严禁非操作人员入内。

2.4　脚手架的安全防护

脚手架工程在施工过程中必须采取必要的安全防护措施，以保障施工作业人员的人身安全，防止发生安全事故。这些安全防护措施主要包括：安全网的设置、洞口和临边的防护、安全通道防护棚以及施工现场的防雷与防触电等。

2.4.1　安全网

安全网可以防止高处作业人员及物体的坠落，避免人员伤害或设施被砸毁；也可以限制人员闯入危险区域或接触危险部位等。

1. 常用术语

（1）安全网：用来防止人、物坠落，或用来避免、减轻坠落及物击伤害的网具。安全网一般由网体、边绳、系绳等构件组成。

（2）网体：由单丝、线、绳等经编织或采用其他成网工艺制成的，构成安全网主体的网状物。

（3）边绳：沿网体边缘与网体连接的绳。

（4）系绳：把安全网固定在支撑物上的绳。

（5）筋绳：为增加安全网强度而有规则地穿在网体上的绳。

（6）菱形、方形网目边长：相邻两个网绳结或节点之间的距离。

（7）规格：用安全网的宽度（高度）和长度表示其规格，单位为 m。

（8）平网：安装平面不垂直水平面，用来防止人或物坠落的安全网。

（9）立网：安装平面垂直水平面，用来防止人或物坠落的安全网。

（10）密目式安全立网：网眼孔径不大于 12mm，垂直于水平面安装，用于阻挡人员、视线、自然风、飞溅及失控小物体的网，简称为密目网。密目网一般由网体、开眼环扣、边绳和附加系绳组成。

（11）安装平面：安全网支撑点所在的平面，多用于悬挑平网。

2. 安全网分类标记

（1）平（立）网的分类标记由产品材料、产品分类及产品规格尺寸三部分组成：

1）产品分类以字母 P 代表平网、字母 L 代表立网。

2）产品规格尺寸以宽度×长度表示，单位为 m。

3）阻燃型网应在分类标记后加注"阻燃"字样。

示例 1：宽度为 3m，长度为 6m，材料为锦纶的平网表示为：锦纶 P—3×6。

示例 2：宽度为 1.5m，长度为 6m，材料为维纶的阻燃型立网表示为：维纶 L—1.5×6 阻燃。

（2）密目网的分类标记由产品分类、产品规格尺寸和产品级别三部分组成：

1）产品分类以字母 ML 代表密目网。

2）产品规格尺寸以宽度×长度表示，单位为 m。

3）产品级别分为 A 级和 B 级。

注：宽度为 1.8m，长度为 10m 的 A 级密目网表示为"ML—1.8×10A 级"

3. 技术要求

（1）安全平（立）网

1）安全平（立）网材料：可采用锦纶、维纶、涤纶或其他材料制成；单张网质量不宜超过 15kg。

2）绳结构：安全平（立）网上所用的网绳、边绳、系绳、筋绳均应由不小于 3 股的单绳制成。绳头部分应经过编花、燎烫等处理，不应散开。

3）网上节点：网上的所有节点应固定。

4）网目形状和边长：网目形状应为菱形或方形，其网目边长不应大于 8cm。

5）规格尺寸：平网宽度不应小于 3m，立网宽（高）度不应小于 1.2m；平（立）网的规格尺寸与其标称规格尺寸的允许偏差为±4%。

6）系绳与筋绳的间距和长度：系绳与网体应牢固连接，各系绳沿网边均匀分布，相邻两系绳间距不应大于 75cm，系绳长度不小于 80cm。当筋绳加长用做系绳时，其系绳部分必须加长，且与边绳系紧后，再折回边绳系紧，至少形成双根。安全平（立）网如有筋绳时，则筋绳分布应合理，平网上两根相邻筋绳的距离不应小于 30cm。

（2）密目式安全立网

缝线不应有跳针、漏缝，缝边应均匀；每张密目网允许有一个缝接，缝接部位应端正牢固；网体上不应有断纱、破洞、变形及有碍使用的编织缺陷；密目网各边缘部位的开眼环扣应牢固可靠；密目网的宽度应介于 1.2～2m。长度由合同双方协议条款指定，但最低不应小于 2m，开眼环扣孔径不应小于 8mm，网眼孔径不应大于 12mm。

4. 安全网的挂设

（1）安全网挂设前，应进行进场验收，并应按《安全网》GB 5725—2009 要求的程序和方法进行冲击试验，不具备试验条件的，可委托有资质的检测机构进行检测。

（2）安全网的拉接、支撑、固结应牢固可靠，每根系绳都应与支架系结，四周边绳（边缘）应与支架贴紧，系绳固结点与网边要均匀分布；多张安全网连接使用时，相邻部分应紧靠或重叠。

（3）安全平网挂设时不宜绷得过紧，与下方物体表面的最小距离应不小于 3m。两层安全平网间垂直距离不得超过 10m。

（4）挂设密目式安全立网必须拉直、拉紧，系绳固结点与网边要均匀分布，每个网环都必须系牢在脚手杆上。

（5）外脚手架施工时，随脚手架的升高，脚手架的外立杆处应使用密目式安全立网进行封闭，并应高出作业面 1.5m。

（6）在张挂安全网时，应事先考虑到在临时进出料位置留有可收起的活动安全网。当吊料时将网收起，用完立即恢复原状。

（7）在输电线路附近安装时，必须先征得有关部门同意，并采取适当的防触电措施，否则不得安装。

（8）绑扎固定安全网的系绳材料应与安全网的系绳一致，严禁使用细铁丝等绑扎丝代替。

（9）安全平网应按水平方向架设。进行水平防护时，必须采用平网，不得用立网代替平网。

1）首层网：脚手架搭设高度达到 3.2m，沿建筑物四周在架体内架设首层安全平网。

2）随层网：随施工作业面层升高，在作业层脚手板下面搭设随层安全平网。

3）层间网：建筑物层数较多、施工作业已离地面较高时，尚需每隔 3～4 层（间隔小于 10m）设置 1 道层间安全平网。

5. 安全网的使用

安装后的安全网应经专人检验后，方可使用。

（1）使用时，应避免发生下列现象：

1）随便拆除安全网的构件。

2）人跳进或把物品投入安全网内。

3）大量焊接或其他火星落入安全网内。

4）在安全网内或下方堆积物品。

5）安全网周围有严重腐蚀性烟雾。

（2）对使用中的安全网，应进行定期或不定期的检查，并及时清理网上落物污染。当受到较大冲击后，应及时更换。

（3）安全网应由专人保管发放，暂时不用的应存放在通风、避光、隔热、无化学品污染的仓库或专有场所。

2.4.2 临边防护设施

所谓临边作业，是指施工现场中在工作面边沿无围护或围护设施高度低于 80cm 时的高处作业，常用的临边防护设施主要有防护栏杆和安全网。

1. 防护栏杆的防护部位

（1）脚手架作业层、斜道两侧及平台外围均应设置防护栏杆及挡脚板。

（2）处于临边作业的基坑、基槽周边、尚未安装栏杆或栏板的阳台、料台与挑平台周边、雨篷与挑檐边、外侧无脚手架的屋面与楼层周边、屋面水箱或水塔周边等处，应设置防护栏杆，并采用立网封闭。

（3）分层施工的楼梯口和梯段边，应安装临时防护栏杆，外设楼梯口和梯段边还应采用立网封闭；顶层楼梯口应随工程结构进度安装临时或正式防护栏杆。

（4）施工升降机、物料提升机及脚手架等与建筑物间接料平台通道的两侧边，应当设置防护栏杆、踢脚板，并用密目式安全立网封闭。

（5）施工升降机、物料提升机等接料平台口，应设置高度不低于 1.8m 的安全门或活动防护栏杆，活动门应当向内开启，严禁向外开启。

2. 防护栏杆杆件规格及连接方式

（1）采用毛竹作为防护栏杆杆件时，横杆的最小有效直径不应小于 70mm，栏杆柱的最小有效直径不应小于 80mm，用不小于 16 号镀锌铁丝进行绑扎连接，有效承载圈数不少于 3 圈。

（2）采用原木作为防护栏杆杆件时，上杆的最小有效直径不应小于 70mm，下杆的最小有效直径不应小于 60 mm，栏杆柱的最小有效直径不应小于 75mm，用相应长度的铁钉或不小于 12 号的镀锌铁丝进行搭接连接，用镀锌铁丝时不少于 3 圈。

（3）采用钢筋作为防护栏杆杆件时，上杆直径不应小于 16mm，下杆直径不应小于 14mm，栏杆柱直径不应小于 18mm，可用焊接方式进行连接。

（4）采用脚手架钢管作为防护栏杆杆件时，横杆及栏杆柱可采用 $\phi48.3mm\times3.6mm$ 或 $\phi51mm\times3.0mm$ 的管材，以扣件、焊接、定型套等方式进行固定连接。

（5）采用其他钢材做防护栏杆杆件时，应选用强度相当的规格，以螺栓、销轴或焊接等方式进行固定连接。

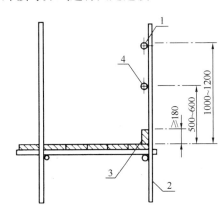

图 2-6　脚手架施工层防护栏杆构造示意图
1—上横杆；2—外立杆；3—挡脚板；4—下横杆

3. 防护栏杆构造

临边作业的防护栏杆应由立杆、横杆、挡脚板以及安全平（立）网组成。如图 2-6 所示，为脚手架作业层的防护栏杆构造。

防护栏杆应由上、下两道横杆及栏杆柱组成，上杆离地高度为 1.2m，下杆离地高度为 0.5～0.6m；当需要加设中横杆时，中杆离地高度为 0.7m，下杆离地高度为 0.2m。除经设计计算外，横杆长度大于 2m 时，必须加设栏杆柱。坡度大于 1：2.2 的斜面（如屋面），防护栏杆的高度应为 1.5m，并加挂安全立网。

当采用密目式安全立网进行全封闭时，须加设密目网的支撑固定杆件，支撑固定杆件应由上、下两道横杆及栏杆柱组成，上杆离地高度为 1.8m，下杆离地高度不大于 10mm，密目网不得绑扎在防护栏杆上。

工具式防护栏杆的上杆离地高度不小于 1.2m，下杆离地高度不大于 10mm，栏面栅栏间距不大于 15mm，如采用孔眼栏面，其孔眼应不大于 25mm。

当在基坑四周固定时，栏杆柱应采用预埋或打入地面方式，深度为 500～700mm；栏杆柱离基坑边口的距离，不应小于 500mm。当基坑周边采用板桩时，钢管可打在板桩外侧。

当在混凝土楼面、地面、屋面或墙面固定时，栏杆柱可用预埋件与钢管或钢筋焊接牢固。采用竹、木栏杆时，可在预埋件上焊接 300mm 长的 50mm×5mm 角钢，其上下各钻 1 个孔，然后用 10mm 螺栓与竹、木杆件连接牢固。

当在砖或砌块等砌体上固定时，栏杆柱可预先砌入规格相适应的 80mm×6mm 弯转扁钢做预埋件的混凝土块，然后用上述方法固定。

栏杆柱的固定及其与横杆的连接，其整体构造应使防护栏杆在上杆任何处，能经受任何方向的 1000N 外力。

防护栏杆必须用安全立网封闭，或在栏杆下边设置严密固定的高度不低于 180mm 的挡脚板或 400mm 的挡脚笆。挡脚板与挡脚笆上如有孔眼，其孔眼应不大于 25mm。板或笆下边距离底面的空隙应不大于 10mm。

接料平台两侧的栏杆，应采用密目式安全立网或一般安全立网封闭，或满扎竹笆。

在脚手架上作业，防护栏杆和挡脚板均应搭设在外立杆的内侧。

当临边的外侧面临街道时，除防护栏杆外，敞口立面必须采取满挂安全网或其他可靠措施作全封闭处理。

2.4.3 洞口防护设施

所谓洞口作业，是指施工现场中在使人有踏入、坠入或物料有坠落可能的楼、地面和墙面的开口处的高处作业，包括水平洞口、竖向洞口等。进行洞口等高处作业时，应采取设置防护栏杆、加盖件、张挂安全网与装栅门等措施进行防护。

（1）楼板、屋面和平台等平面上，短边尺寸 25～250mm 的孔口，应用坚实的盖板进行遮盖，盖板应有固定其位置的措施。

（2）楼板面等处边长为 250～500mm 的洞口、安装预制构件时的洞口以及缺件临时形成的洞口，可用竹、木等材料做盖板盖住洞口。盖板须能保持四周搁置均衡，并有固定其位置的措施。

（3）电梯井口必须设置工具化、定型化的防护栏杆或固定栅门，防护门高度应不小于 1.8m，门离地高度不大于 50mm。

（4）边长为 500～1500mm 的洞口，应设置以钢管及扣件组合而成的钢管网格，网格间距不得大于 250mm；也可采用贯穿于混凝土板内的钢筋构成防护网，网格间距不得大于 200mm，并在其上满铺竹笆或脚手板，如图 2-7 所示。

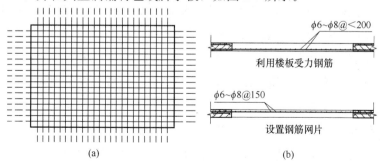

图 2-7　边长 500～1500mm 洞口用钢筋构成防护网

（a）平面图；（b）剖面图

（5）边长在1500mm以上的洞口，四周必须设防护栏杆并用密目网封挡，洞口应用平网或竹笆、脚手板封闭，如图2-8所示。

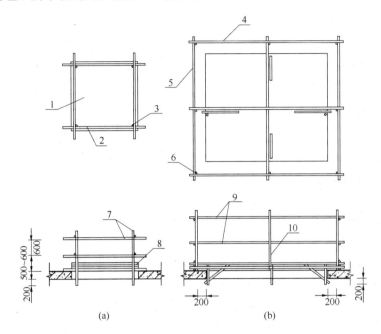

图2-8　边长1500mm以上洞口的防护

（a）边长1500～2000mm的洞口；（b）边长2000～4000mm的洞口

1—挂安全网；2、5—横杆；3、6、10—栏杆柱；4—下设挡脚板；7—防护栏杆；

8—挡脚板；9—上杆

（6）垃圾井道和烟道、管道井等，在砌筑或安装前应参照预留洞口做防护。

（7）边长不大于500mm洞口所加盖板，应能承受1 kN/m²的荷载，位于车辆行驶道旁的洞口、深沟与管道坑、槽，所加盖板应能承受不小于卡车后轮有效承载力2倍的荷载。

（8）墙面等处的竖向洞口，凡落地的洞口应加装开关式、工具式或固定式的防护门，门扇网格的横向间距应不大于150mm，也可采用防护栏杆，下设挡脚板（笆）。

（9）下边沿至楼板或底面低于800mm的窗台等竖向洞口，如侧边落差大于2m时，应加设1.2m高的临时护栏。

（10）板与墙的洞口，必须设置牢固的盖板、防护栏杆、安全网或其他防坠落的防护设施。

（11）各种桩孔上口，杯形、条形基础（深度超过2m）的上口，未填土的坑、槽，以及人孔、天窗、地板门等处，均应按洞口防护设置稳固的盖件或防护栏杆。

（12）施工现场通道附近的各类洞口与坑、槽等处，除设置防护设施与安全标志外，夜间均应设置警示灯。

2.4.4 安全防护棚

结构施工自 2 层起，凡人员进出建筑物的通道口（包括施工升降机、物料提升机的进出通道口）及在施工场地内的地面操作处，均应搭设安全防护棚。如图 2-9 所示为通道安全防护棚的结构示意图。

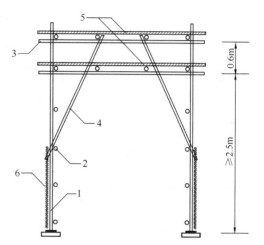

图 2-9 通道安全防护棚结构示意图
1—立杆；2—纵向水平杆；3—横向水平杆；4—斜撑；
5—满铺层面板；6—密目安全网

通道安全防护棚的设置应符合下列规定：

（1）防护棚长度应满足坠落半径的要求，防护棚内净高度不小于 2.5m，宽度满足每侧伸出通道边不小于 1m。其中，可能坠落半径 R 与可能坠落高度 H 的关系是：

$H=2\sim15m$ 时，$R=3m$；$H=15\sim30m$ 时，$R=4m$；$H>30m$ 时，$R=5m$。

（2）立杆间距宜为 1.5m。

（3）横向水平杆用直角扣件与立杆固定。

（4）纵向水平杆间距同脚手架步距设置。

（5）斜撑间距不宜大于 3m。

（6）高度超过 24m 的层次上的交叉作业，应设双层防护，防护棚应采用 50mm 厚木板搭设。

（7）防护棚搭设与拆除时，应设警戒区，并应派专人监护；严禁上下同时拆除。

2.4.5 防雷与防触电

1. 防雷

当脚手架在相邻建筑物、构筑物等设施的防雷装置接闪器的保护范围以外时，应按照《施工现场临时用电安全技术规范（附条文说明）》JGJ 46—2005 的要求做防雷接地，见表 2-1。防雷装置的设置，主要是正确选用接闪器和接地装置，包括接地极、接地线和其他连接件，且应由专业电工按有关规定进行。

高架设施需安装防雷装置的规定 表 2-1

地区年平均雷暴日（d）	高架设施高度（m）	地区年平均雷暴日（d）	高架设施高度（m）
≤15	≥50	≥40 且<90	≥20
>15 且<40	≥32	≥90 及雷害特别严重地区	≥12

2. 防触电

搭设、使用和拆除脚手架时，应采取如下防触电措施：

（1）脚手架外侧外边缘与外电架空线路的边线之间必须保持的最小安全操作距离，见表 2-2。

脚手架外侧外边缘与外架空线边线最小安全操作距离   表 2-2

外电线路电压（kV）	＜1	1～10	35～110	154～220	300～500
最小安全操作距离（m）	4	6	8	10	15

（2）脚手架顶面应与交叉外架空线最低点保持的最小垂直距离，见表 2-3。

脚手架顶面与外架空线交叉时最小垂直距离   表 2-3

外电线路电压（kV）	＜1	1～10	35
最小垂直距离（m）	6	7	7

（3）脚手架如果必须穿过 380V 以内的电力线路并且距离在 2m 以内时，在搭设和使用期间应当切断或拆除电源；否则，必须采取可靠的绝缘措施。进行绝缘包扎应由专业电工操作，并用瓷瓶固定和设置隔离层。

（4）当电力线路垂直穿过或靠近脚手架时，靠近线路至少 2m 内的脚手架水平连接，线路下方的脚手架垂直连接进行接地。

（5）当线路和脚手架平行靠近时，在靠近线路的脚手架水平连接，并在靠墙一侧每相距 25m 设置一接地极，埋入土中 2～2.5m 深。

2.5 脚手架专项施工方案

脚手架工程是整个建筑施工生产中的一个重要组成部分，各种脚手架和模板支架在施工前要编制单独的施工方案，施工方案要经技术和安全部门等审批后方可实施。脚手架搭设完毕后要经验收合格后方可使用。对于超过一定规模的危险性较大的脚手架施工方案，还应根据中华人民共和国住房和城乡建设部第 37 号令的相关规定，组织专家对施工方案进行论证。

2.5.1 脚手架施工方案编制的内容

（1）工程概况：包括建筑物层数、总高度以及结构形式，并注明非标层和标准层的层高，拟搭设脚手架的类型、总高度，如"沿建筑物周边搭设双排扣件式钢管脚手架，局部搭设挑架和外挂架"等，并说明该脚手架是用于结构施工还是装修施工。

（2）施工条件：说明脚手架搭设位置的地基情况，是搭在回填土上还是搭在混凝土上（如车库顶板、裙房顶板等）；说明材料来源，是自有还是外租，便于查询生产厂家的资质情况。标准件的堆放场地是在施工现场还是其他场地，周围要设围护设施并由专人管理，以便于施工调度。

（3）施工准备：施工单位必须是具有相应资质（包括安全生产许可证）的法人单位，所有架子工必须具备《特种作业操作证》，并接受进场三级安全教育，并签发考核合格证。架子工的数量要和工程相匹配，根据工程施工的进度提供脚手架搭设的具体进度计划，并提出杆件、配件、安全网等进场计划表，供物资部门参考。

（4）组织机构：成立脚手架施工管理小组，小组成员包括施工负责人、技术负责人、安全监督员、搭设班组负责人等，小组成员既要分工明确，又做到统一协调。由施工班组提出架子工的数量要求并登记造册。

（5）主要施工方法

1）明确地基的处理方法，如采用回填土要取样进行承载力试验。

2）脚手架的选型包括：双排或者单排，周圈封闭式还是开口式。局部位置处理，脚手架连墙件的拉接点构造做法。如需留下预埋件或在墙上预留孔洞，须在方案中说明并标出相应位置。

3）因施工条件限制，需同时搭设几种架子时，如外墙采用挂架，阳台部位采用的是挑架等，要提前安排好进度、工艺等工作。

4）材料配件的垂直运输方式，要确定是采用塔吊还是其他设备。

（6）脚手架构造

1）说明脚手架高度、长度、立杆步距、立杆纵距、立杆横距、剪刀撑设置位置及角度。

2）连墙件要根据规范要求进行布设，若因建筑结构原因不能按规范尺寸拉接时，要采取相应措施并进行计算，以确保架体稳定安全。

（7）脚手架施工工艺

1）根据建筑施工场地的具体情况和脚手架参数制定脚手架施工工艺流程，如基础做法、立杆底部处理等，并制定架子搭设的顺序。

2）脚手架使用的注意事项。

3）脚手架的安全防护。

4）脚手架的拆除顺序。

（8）脚手架的计算

主要包括：荷载计算、立杆稳定计算、横向水平杆挠度计算、纵向水平杆抗弯强度计算、扣件抗滑承载力验算、地基承载力验算、穿墙螺栓受力验算（外挂架）等。

（9）施工质量保障措施：质量检验监督方案、施工质量要求、质量验收等。

（10）安全技术措施：组织保障措施、技术措施、监测监控措施以及应急处置措施等。

2.5.2 脚手架工程专项施工方案

根据住房城乡建设部《危险性较大的分部分项工程安全管理规定》（住房城乡建设部令第 37 号）、《住房城乡建设部办公厅关于实施〈危险性较大的分部分项工程安全管理规定〉有关问题的通知》（建办质〔2018〕31 号），结合山东省实际，山东省住房城乡建设厅于 2018 年发布《山东省房屋市政施工危险性较大分部分项工程安全管理实施细则》，上述文件均对危险性较大的脚手架工程提出编制专项施工方案的要求，对于超过一定规模的危险性较大的脚手架工程，施工单位应当组织召开专家论证会对专项方案进行论证。

1. 危险性较大的脚手架工程

（1）需要编制专项施工方案的脚手架工程

1）搭设高度 24m 及以上的落地式钢管脚手架工程。

2）附着式整体和分片提升脚手架工程。

3）悬挑式脚手架工程。

4）吊篮脚手架工程。

5）自制卸料平台、移动操作平台工程。

6）新型及异型脚手架工程。

（2）需要编制专项施工方案的模板工程

1）各类工具式模板工程：大模板、滑模、爬模、飞模等工程。

2）混凝土模板支撑工程：搭设高度 5m 及以上；搭设跨度 10m 及以上；施工总荷载 10kN/m² 及以上；集中线荷载 15kN/m 及以上；高度大于支撑水平投影宽度且相对独立无联系构件的混凝土模板支撑工程。

3）承重支撑体系：用于钢结构安装等满堂支撑体系。

2. 超过一定规模的危险性较大的脚手架工程

（1）需要专家论证的脚手架工程

1）搭设高度 50m 及以上落地式钢管脚手架工程。

2）提升高度 150m 及以上附着式整体和分片提升脚手架工程。

3）分段架体搭设高度 20m 及以上悬挑式脚手架工程。

（2）需要专家论证的模板工程

1）工具式模板工程：滑模、爬模、飞模工程。

2）混凝土模板支撑工程：搭设高度 8m 及以上；搭设跨度 18m 及以上；施工总荷载 15kN/m² 及以上；集中线荷载 20kN/m 及以上。

3）承重支撑体系：用于钢结构安装等满堂支撑体系，承受单点集中荷载 7kN

以上。

3. 专项施工方案内容

一般脚手架及模板工程的安全专项施工方案应由项目技术负责人负责编制，需要论证审查的安全专项施工方案应由总承包单位技术负责人组织有关人员编制，编制人员应具有本专业中级以上技术职称。安全专项施工方案应根据工程建设标准和勘察设计文件，并结合工程项目和分部分项工程的具体特点进行编制。方案应包括以下主要内容：

（1）工程概况：危大工程概况和特点、施工平面布置、施工要求和技术保证条件。

（2）编制依据：相关法律、法规、规范性文件、标准、规范及施工图设计文件、施工组织设计等。

（3）施工计划：包括施工进度计划、材料与设备计划。

（4）施工工艺技术：技术参数、工艺流程、施工方法、操作要求、检查要求等。

（5）施工安全保证措施：组织保障措施、技术措施、监测监控措施等。

（6）施工管理及作业人员配备和分工：施工管理人员、专职安全生产管理人员、特种作业人员、其他作业人员等。

（7）验收要求：验收标准、验收程序、验收内容、验收人员等。

（8）应急处置措施。

（9）计算书及相关施工图纸。

2.5.3 脚手架工程施工方案审批

脚手架工程专项施工方案，由施工单位技术部门组织本单位施工技术、安全、质量等部门的专业技术人员进行审核。经审核合格的，由施工单位技术负责人签字。实行施工总承包的，专项施工方案由总承包单位技术负责人及相关专业承包单位技术负责人签字。

不需专家论证的专项施工方案，经施工单位审核合格后报监理单位，由项目总监理工程师审核签字。

需专家论证的专项施工方案，施工单位应当组织召开专家论证会。实行施工总承包的，由施工总承包单位组织召开专家论证会。施工单位应当根据论证报告修改完善专项方案，并经施工单位技术负责人、项目总监理工程师、建设单位项目负责人签字后，方可组织实施。实行施工总承包的，应当由施工总承包单位、相关专业承包单位技术负责人签字。

2.5.4 安全技术交底

脚手架、模板工程施工前，施工单位的技术人员应当将工程项目、分部分项工程概况以及安全技术措施要求向架子工班组、作业人员进行安全技术交底。

（1）交底内容

1）工程项目和分部分项工程的概况。

2）搭设、构造要求，检查验收标准。

3）针对危险部位采取的具体预防措施。

4）作业中应注意的安全事项。

5）作业人员应遵守的安全操作规程。

6）发现安全隐患应采取的措施。

7）发生事故后应采取的应急措施。

（2）交底程序

专项施工方案实施前，编制人员或项目技术负责人应当向现场管理人员和作业人员进行安全技术交底；安全技术交底以书面形式进行，并由双方签字确认。

2.5.5 施工方案实施

（1）施工单位应当严格按照专项方案组织施工，不得擅自修改、调整专项方案。如因设计、结构、外部环境等因素发生变化确需修改的，修改后的专项方案应当重新审核、论证。

（2）施工单位应当指定专人对专项方案实施情况进行现场监督和按规定进行监测。发现不按照专项方案施工的，应当要求其立即整改；发现有危及人身安全紧急情况的，应当立即组织作业人员撤离危险区域。施工单位技术负责人应当定期巡查专项方案实施情况。

（3）施工单位、监理单位应当组织有关人员对脚手架和模板工程进行验收。验收合格的，经施工单位项目技术负责人及项目总监理工程师签字后，方可进入下一道工序。

（4）监理单位应当将脚手架和模板工程列入监理规划，编制监理实施细则，针对工程特点、周边环境和施工工艺等，制定安全监理工作流程、方法和措施。

（5）监理单位应当对脚手架和模板工程专项方案实施情况进行现场监理；对不按专项方案实施的，应当责令整改，施工单位拒不整改的，应当及时向建设单位报告；建设单位接到监理单位报告后，应当立即责令施工单位停工整改；施工单位仍不停工整改的，建设单位应当及时向安全生产监督部门报告。

3 扣件式钢管脚手架

扣件式钢管脚手架由钢管和扣件组成，这种脚手架的特点是：加工简便，装拆灵活，搬运方便，通用性强。主要用于搭设各种外脚手架和操作平台等。

扣件式钢管脚手架搭设依据《建筑施工扣件式钢管脚手架安全技术规范》JGJ 130—2011 及相关规范、规程。

落地扣件式钢管外脚手架是应用最广泛的脚手架之一。这种脚手架是沿建筑物外侧从地面搭设的扣件式钢管脚手架，随建筑结构的施工进度而逐层增高。

落地扣件式钢管外脚手架的优点：架子稳定，作业条件好；既可用于结构施工，又可用于装修工程施工；便于做好安全围护。其缺点是：材料用量大，周转慢；搭设高度受限制；较费人工。

落地扣件式钢管外脚手架分普通脚手架和高层建筑脚手架。

普通脚手架是指高度在 24m 以下的脚手架；高层建筑脚手架是指高度在 24m 以上的脚手架。

落地扣件式钢管外脚手架搭设分封固型和开口型。

封固型脚手架是指沿建筑物周边交圈搭设的脚手架；开口型脚手架是指沿建筑物周边没有交圈搭设的脚手架。

落地扣件式钢管外脚手架主要构配件，如图 3-1 所示。

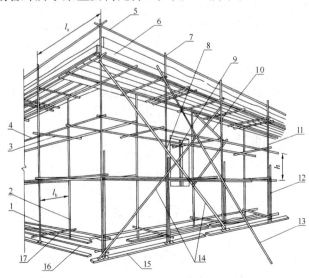

图 3-1 落地扣件式钢管外脚手架主要构配件

1—外立杆；2—内立杆；3—横向水平杆；4—纵向水平杆；5—安全防护栏；6—挡脚板；7—直角扣件；8—旋转扣件；9—连墙件；10—横向斜撑；11—主立杆；12—副立杆；13—抛撑；14—剪刀撑；15—垫板；16—纵向扫地杆；17—横向扫地杆；l_a—立杆间距；l_b—立杆横距；h—步距

3.1 扣件式钢管脚手架杆配件

搭设扣件式钢管脚手架的杆配件包括：底座、垫板、钢管、扣件、脚手板以及安全网等。

3.1.1 底座

扣件式钢管脚手架的底座，按材料分为可锻铸铁制造和焊接两种；按照承插形式分为内插式和外套式两种。

可锻铸铁底座的构造和尺寸，如图 3-2（a）所示。

焊接底座一般用厚度不小于 8mm、边长 150～200mm 的钢板，上焊高度不小于 150mm 的钢管，如图 3-2（b）所示。

底座的承载力不应小于 40kN。内插式的外径 D 比立杆内径小 2mm，外套式的内径 D 比立杆外径大 2mm，且壁厚不小于 3.5mm。

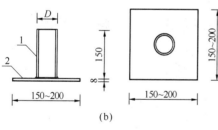

图 3-2 扣件式钢管脚手架底座
（a）可锻铸铁标准底座；（b）焊接底座
1—承插或外套钢管；2—钢板底座

3.1.2 垫板

垫板宜采用木垫板，也可采用槽钢。

木垫板宽度不小于 200mm，厚度不小于 50mm，平行于建筑物铺设时垫板长度应不少于 2 跨。通常情况下，应使用冷底子油等做防腐处理，两端头使用 8 号镀锌钢丝绑扎，以防开裂。

槽钢垫板应当沿纵向仰铺，规格为 12～16 号。

3.1.3 钢管

脚手架钢管应采用 3 号普通焊接钢管。脚手架钢管的尺寸应符合表 3-1 的规定。

1. 钢管的基本要求

扣件式钢管脚手架中的杆件，应优先采用外径为 48.3mm，壁厚为 3.6mm 的 3 号焊接钢管。对搭设脚手架的钢管要求是：

脚手架钢管尺寸（mm）　　　　　　　　表 3-1

截面尺寸		最大长度	
外径	壁厚	横向水平杆	其他杆
48.3	3.6	2200	6500
51	3.0		

（1）为便于脚手架的搭拆，确保施工安全和运转方便，每根钢管的重量应控制在 25kg 之内；横向水平杆所用钢管的最大长度不得超过 2.2m，一般为 1.8～2.2m；其他杆件所用钢管的最大长度不得超过 6.5m，一般为 4～6.5mm。

（2）搭设脚手架的钢管，必须进行防锈处理。对新购进的钢管应先进行除锈，钢管内壁刷涂两道防锈漆，外壁刷涂防锈漆一道、面漆两道。

（3）对旧钢管的锈蚀检查应每年一次。检查时，在锈蚀严重的钢管中抽取 3 根，在每根钢管的锈蚀严重部位横向截断取样检查。经检验符合要求的钢管，应进行除锈，并刷涂防锈漆和面漆，不合格的严禁使用。

（4）在钢管上严禁打孔。

（5）严禁将外径 48.3mm 与 51mm 的钢管混合使用。

2. 新钢管的检查

新钢管的检查应符合下列规定：

（1）应有产品质量合格证和质量检验报告。

（2）钢管表面应平直光滑，不应有裂缝、结疤、分层、错位、硬弯、毛刺、压痕和深的划道。

（3）钢管外径、壁厚、端面等的允许偏差应分别符合表 3-2 的规定。

（4）钢管必须涂有防锈漆。

钢管的允许偏差　　　　　　　　表 3-2

序号	项　目		允许偏差（mm）	示意图	检查工具
1	焊接钢管尺寸（mm）	外径：48.3	±0.5	—	游标卡尺
		壁厚：3.6	±0.36		
2	钢管两端面切斜偏差		1.70		塞尺、拐角尺
3	钢管外表面锈蚀深度		≤0.5		游标卡尺

序号	项　目		允许偏差（mm）	示意图	检查工具
4	钢管弯曲	a. 各种杆件钢管的端部弯曲：L≤1.5m	≤5		钢板尺
		b. 立杆钢管弯曲： 3m<L≤4m； 4m<L≤6.5m	≤12 ≤20		
		c. 水平杆、斜杆的钢管弯曲：L≤6.5m	≤30		

3. 旧钢管的检查

旧钢管的检查应符合下列规定：

（1）表面锈蚀深度应不大于 0.5mm。锈蚀检查应每年进行一次。检查时，应在锈蚀严重的钢管中抽取 3 根，在每根锈蚀严重的部位横向截断取样检查，当锈蚀深度超过规定值时不得使用。

（2）钢管弯曲变形应符合表 3-2 中序号 4 的规定。

（3）钢管上严禁打孔，钢管有孔时不得使用。

3.1.4　扣件

扣件应采用可锻铸铁或铸钢制作。可锻铸铁扣件的形式有直角扣件、旋转扣件和对接扣件，如图 3-3 所示。直角扣件的结构如图 3-4 所示；旋转扣件的结构如图 3-5 所示；对接扣件的结构如图 3-6 所示。

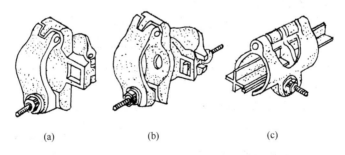

(a)　　　　　　　(b)　　　　　　　(c)

图 3-3　扣件的形式

（a）直角扣件；（b）旋转扣件；（c）对接扣件

扣件应采用力学性能不低于 KTH—330—08 牌号的可锻铸铁或 ZG230—450 铸钢制作，在 65N·m 扭力矩作用下，扣件各部位不应有裂纹。

新扣件应有生产许可证、法定检测单位的测试报告和产品质量合格证。扣件的外观和附件质量应符合下列要求：

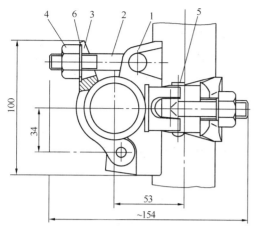

图 3-4　直角扣件结构示意图

1—直角座；2—螺栓；3—盖板；4—螺母；

5—销钉；6—垫圈

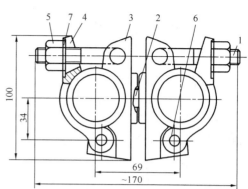

图 3-5　旋转扣件结构示意图

1—螺栓；2—铆钉；3—旋转座；4—盖板；

5—螺母；6—销钉；7—垫圈

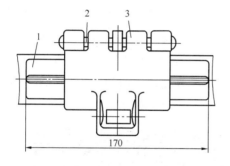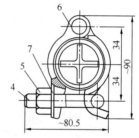

图 3-6　对接扣件结构示意图

1—杆芯；2—铆钉；3—对接座；4—螺栓；5—螺母；6—对接盖；7—垫圈

（1）扣件各部位不得有裂纹、气孔等影响使用的铸造缺陷。

（2）当钢管公称外径为 48.3mm 时，盖板与底座的张开距离不得小于 50mm；当钢管公称外径为 51mm 时，不得小于 55mm。

（3）当扣件夹紧钢管时，开口处距离应小于 5mm。

（4）扣件表面大于 $10mm^2$ 的砂眼不应超过 3 处，且累计面积不应大于 $50mm^2$。

（5）扣件表面黏砂面积累计不应大于 $150mm^2$。

（6）错箱不应大于 1mm。

（7）扣件表面凸（或凹）的高（或深）值不应大于 1mm。

（8）扣件与钢管接触部位不应有氧化皮，其他部位氧化皮面积累计不应大于 $150mm^2$。

（9）铆接处应牢固，不应有裂纹。

（10）T形螺栓和螺母不得滑丝。

（11）活动部位应灵活转动，旋转扣件两旋转面间隙应小于1mm。

（12）产品的型号、商标、生产年号应在醒目处铸出，字迹、图案应清晰完整。

（13）扣件表面应进行防锈处理，油漆应均匀美观，不应有堆漆或露铁。

3.1.5 脚手板

脚手板又称跳板，是用于构造作业层架面的板材。脚手板可采用钢、木、竹等材料制作，每块质量不宜大于30kg。

（1）木脚手板

木脚手板应采用杉木或松木制作，材质应达到Ⅱ级标准。厚度一般不小于50mm，宽200~300mm，长2~6m，凡有扭纹、破裂及大横透节者均不能使用。为防止腐朽及使用搬运过程中端头开裂，应使用冷底子油等对脚手板进行防腐处理，在距两板端80mm处，应用直径为4mm的镀锌钢丝各绑扎两道，并用爬钉钉牢。

（2）竹脚手板

竹脚手板主要有竹串片脚手板和竹笆片脚手板2种，一般用生长期不少于两年的成年毛竹或楠竹劈成竹片制作而成。腐朽、发霉的不得使用。

1）竹串片脚手板：由立放（并列）竹片侧叠穿制而成，如图3-7所示。一般用毛竹或楠竹劈成宽度不小于50mm的竹片侧叠而成，沿纵向每隔500~600mm用直径10mm的螺栓穿透拧紧，端部螺栓离板端200~250mm。

图3-7　竹串片脚手板

2）竹笆片脚手板：由平放竹片编制而成，如图3-8所示。一般用毛竹或楠竹劈成宽度不小于30mm、厚度不小于8mm的竹片编制成长为2~2.5m，宽为0.8~1.2m的

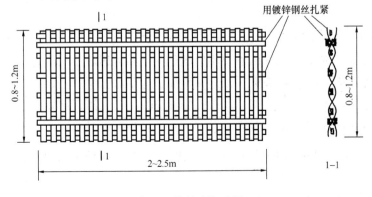

图3-8　竹笆片脚手板

脚手板。编制时，纵向每道用双片，且不少于 5 道，横向用一正一反竹片密编。四周边用两面相对夹紧，并打眼穿铁丝扎牢。每张竹笆片脚手板应沿纵向用镀锌钢丝扎两道宽度 40mm 的双面夹筋。

（3）钢脚手板

钢脚手板一般用 2mm 厚的钢板冲压而成，其材质应符合 Q235—A 级钢的规定。新脚手板应有产品质量合格证；长度在 4m 以内的板面挠曲不得大于 12mm，长度大于 4m 的板面挠曲不得大于 16mm，板面任一角翘起不得大于 5mm；不得有裂纹、开焊和硬弯，使用前应涂刷防锈漆。如图 3-9 所示，通常板面冲成很多圆孔，板的一端附有接头板，接头板上有套环和环孔，当两块板对头接长时，套环套入环孔中。脚手板的长度通常为 1.5～3.6m，宽度 230～250mm。

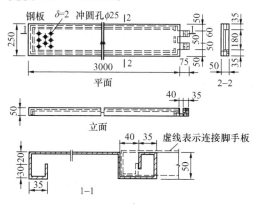

图 3-9　钢脚手板

（4）钢木脚手板

钢木脚手板是用角钢或槽钢做边框，用扁铁或钢筋做纵挡及横挡，中间密拼木板条的一种组合脚手板。角钢做边框的钢木脚手板，如图 3-10 所示；槽钢做边框的钢木脚手板，如图 3-11 所示。

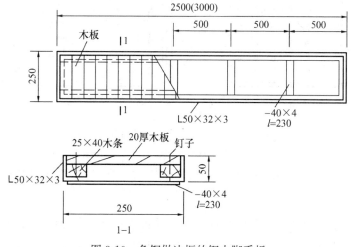

图 3-10　角钢做边框的钢木脚手板

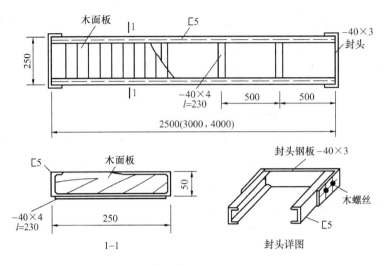

图 3-11　槽钢做边框的钢木脚手板

3.2　扣件式钢管脚手架构造

3.2.1　构造组成

扣件式钢管脚手架由立杆、纵向水平杆（大横杆）、横向水平杆（小横杆）、剪刀撑、横向斜撑、连墙件等组成。在搭设房屋的外脚手架时，常采用的基本构造形式有双排和单排两种。双排脚手架有内、外两排立杆；单排脚手架只有一排立杆，横向水平杆有一端插置在墙体上，如图 3-12 所示。

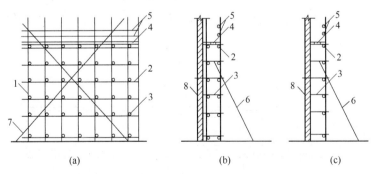

图 3-12　扣件式钢管脚手架示意图

(a) 立面；(b) 侧面（双排）；(c) 侧面（单排）

1—立杆；2—纵向水平杆；3—横向水平杆；4—脚手板；5—栏杆；6—抛撑；

7—斜撑（剪刀撑）；8—墙体

（1）立杆：垂直于地面的竖向杆件，是承受自重和施工荷载的主要杆件。

（2）纵向水平杆（又称大横杆）：沿脚手架纵向（顺着墙面方向）连接各立杆的水

平杆件，其作用是承受并传递施工荷载给立杆。

（3）横向水平杆（又称小横杆）：沿脚手架横向（垂直墙面方向）连接内、外排立杆的水平杆件，其作用是承受并传递施工荷载给纵向水平杆。

（4）扫地杆：连接立杆下端、贴近地面的纵向水平杆，其作用是约束立杆下端部的移动。

（5）剪刀撑：在脚手架外侧面设置的呈十字交叉的斜杆，可增强脚手架的稳定和整体刚度。

（6）横向斜撑：在脚手架的内、外立杆之间设置并与横向水平杆相交呈之字形的斜杆，可增强脚手架的稳定性和刚度。

（7）连墙件：连接脚手架与建筑物的杆件。

（8）主节点：立杆、纵向水平杆、横向水平杆三杆紧靠的扣接点。

（9）底座：立杆底部的垫座。

（10）垫板：底座下的支承板。

双排脚手架稳定性好、承载力高、适用性强，使用较普遍。单排脚手架的稳定要依靠建筑墙体，一般不适用于下列情况：

（1）墙体厚度小于或等于 180mm。

（2）建筑物高度超过 24m。

（3）空斗砖墙、加气块墙等轻质墙体。

（4）砌筑砂浆强度等级小于或等于 M1.0 的砖墙。

3.2.2 落地扣件式钢管脚手架构造尺寸

扣件式钢管脚手架施工前，应按规定编制施工组织设计，并对脚手架结构构件与立杆地基承载力进行设计计算。

落地扣件式钢管脚手架的主要尺寸有：

脚手架高度 H：是指立杆底座下皮至架顶栏杆上皮之间的垂直距离。

脚手架长度 L：是指脚手架纵向两端立杆外皮间的水平距离。

脚手架的宽度 B：双排架是指横向内、外两立杆外皮之间的水平距离；单排架是指立杆外皮至墙面的距离。

立杆步距 h：是指上、下两相邻水平杆轴线间的距离。

立杆纵距（跨距）l_a：是指脚手架中两纵向相邻立杆轴线间的距离。

立杆横距 l_b：是指双排架横向内、外两主杆的轴线距离。单排架是指主杆轴线至墙面的距离。

连墙件间距：脚手架中相邻连墙件之间的距离。

连墙件竖距：上下相邻连墙件之间的垂直距离。

连墙件横距：左右相邻连墙件之间的水平距离。

常用敞开式扣件式钢管双排脚手架搭设尺寸，见表3-3；常用敞开式单排脚手架搭设尺寸，见表3-4。

常用敞开式扣件式钢管双排脚手架搭设尺寸　　　　　表3-3

连墙件设置	立杆横距 l_b（m）	步距 h（m）	下列荷载时立杆间距 l_a（m）				允许搭设高度 H（m）
			2+4×0.35 (kN/m²)	2+2+4×0.35 (kN/m²)	3+4×0.35 (kN/m²)	3+2+4×0.35 (kN/m²)	
两步三跨	1.05	1.20～1.35	2.0	1.8	1.5	1.5	50
		1.80	2.0	1.8	1.5	1.5	50
	1.30	1.20～1.35	1.8	1.5	1.5	1.5	50
		1.80	1.8	1.5	1.5	1.2	50
	1.55	1.20～1.35	1.8	1.5	1.5	1.5	50
		1.80	1.8	1.5	1.5	1.2	37
三步三跨	1.05	1.20～1.35	2.0	1.8	1.5	1.5	50
		1.80	2.0	1.8	1.5	1.5	34
	1.30	1.20～1.35	1.8	1.5	1.5	1.5	50
		1.80	1.8	1.5	1.5	1.2	30

常用敞开式扣件式钢管单排脚手架搭设尺寸　　　　　表3-4

连墙件设置	立杆横距 l_b（m）	步距 h（m）	下列荷载时立杆间距 l_a/m		允许搭设高度 H（m）
			2+2×0.35 (kN/m²)	3+2×0.35 (kN/m²)	
两步三跨 三步三跨	1.20	1.20～1.35	2.0	1.8	24
		1.80	2.0	1.8	24
	1.40	1.20～1.35	1.8	1.5	24
		1.80	1.8	1.5	24

注：表3-3和表3-4中考虑脚手架上最多有4层脚手板和一、二层作业层荷载内容包括：

2+4×0.35（kN/m²）：1层装修施工荷载（2kN/m²）+4层脚手板自重（0.35kN/m²）。

2+2+4×0.35（kN/m²）：2层装修施工荷载（2kN/m²）+4层脚手板自重（0.35kN/m²）。

3+4×0.35（kN/m²）：1层砌筑施工荷载（3kN/m²）+4层脚手板自重（0.35kN/m²）。

3+2+4×0.35（kN/m²）：1层砌筑施工荷载（3kN/m²）+1层装修施工荷载（2kN/m²）+4层脚手板自重（0.35kN/m²）。

2+2×0.35（kN/m²）：1层装修施工荷载（3kN/m²）+2层脚手板自重（0.35kN/m²）。

3+2×0.35（kN/m²）：1层砌筑施工荷载（3kN/m²）+2层脚手板自重（0.35kN/m²）。

3.2.3　地基与基础

脚手架地基与基础的施工，必须根据脚手架搭设高度、搭设场地土质情况与《建筑地基基础工程施工质量验收标准》GB 50202—2018 的有关规定进行。

脚手架基础的主要构造形式，如图 3-13 所示。

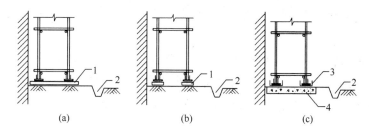

图 3-13　脚手架基础的主要构造形式
（a）垫板垂直墙面；（b）垫板平行墙面；（c）高层脚手架基底
1—垫板；2—排水沟；3—槽钢；4—混凝土垫层

脚手架基础的形式应当根据实际地基承载力情况经计算确定，当脚手架专项施工方案无特殊要求时，可按以下方法进行：

（1）搭设高度在 25m 以下时，可采用素土夯实找平，上面铺设垫板，并设底座。

（2）搭设高度在 25～50m 时，可采用回填土分层夯实找平，可铺设枕木做垫木，或在地基上加铺 20cm 厚道砟，其上铺设混凝土板，再仰铺 12～16 号槽钢。

（3）搭设高度超过 50m 时，可于地面下 1m 深处采用灰土地基，或浇注 50cm 厚混凝土基础，其上采用槽钢支垫。

（4）脚手架底座底面标高宜高于自然地坪 50mm。

（5）脚手架基础外侧应设置排水沟进行有组织排水。排水沟应采用素土夯实，铺设 100mm 厚 C10 混凝土。排水沟几何形状一般为上宽下窄的梯形，上口宽为 300～400mm，下底宽为 200～300mm，深度为 150～200mm。沟底设 3％～5％的坡度，便于沟内积水及时排出。

（6）遇有坑槽时，立杆应下到槽底或在槽上加设底梁（一般可用枕木或型钢梁）。

（7）脚手架旁有开挖的沟槽时，应控制外立杆距沟槽边的距离：当架高在 30m 以内时，不小于 1.5m；架高为 30～50m 时，不小于 2.0m；架高在 50m 以上时，不小于 2.5m。当不能满足上述距离时，应核算边坡承受脚手架的能力，不足时可加设挡土墙或其他可靠支护，避免槽壁坍塌危及脚手架安全。

（8）位于通道处的脚手架底部垫木（板）应低于其两侧地面，并在其上加设盖板，避免扰动。

3.2.4　杆件

扣件式钢管脚手架的杆件主要包括立杆、水平杆、扫地杆、剪刀撑等。

1. 立杆

立杆的设置通常有单立杆和双立杆两种形式。立杆应均匀设置，通常其纵向间距不大于 2m，并应符合设计要求。立杆的搭设应符合以下要求：

（1）立杆必须用连墙件与建筑物可靠连接。

（2）立杆接长除顶层顶步可采用搭接外，其余各层各步接头必须采用对接扣件连接。

（3）在搭设立杆时，要注意杆件的长短搭配使用。立杆上的对接接头应交错布置；两根相邻立杆的接头不应设置在同步内，同步内隔一根立杆的两个相隔接头在高度方向错开的距离不宜小于 500mm；各接头中心至主节点的距离不宜大于步距的 1/3，如图 3-14 所示。

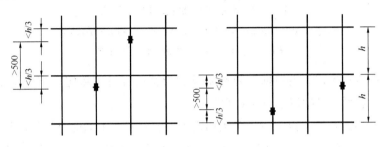

图 3-14　立杆对接接头位置

（4）搭接长度不应小于 1m，应采用不少于 2 个旋转扣件固定，端部扣件盖板的边缘至杆端距离不应小于 100mm，如图 3-15 所示。

（5）立杆上部应始终高出操作层 1.5m，并进行安全防护。立杆顶端宜高出女儿墙上皮 1m，高出檐口上皮 1.5m。

（6）当采用双立杆时，双立杆中副立杆的高度不应低于 3 步，钢管长度不应小于 6m。图 3-16 所示为单立杆和双立杆的连接构造。上部单立杆与下部双立杆中的一根用对接扣件连接，两根钢管必须同时用直角扣件与纵向水平杆扣紧，以保证两根钢管共同工作。

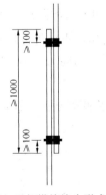

图 3-15　立杆搭接接头形式

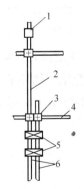

图 3-16　单杆和双杆的连接构造

1—对接扣件；2—上单立杆；3—直角扣件；4—纵向

水平杆；5—旋转扣件；6—下双立杆

2. 水平杆

（1）纵向水平杆

纵向水平杆的构造应符合下列要求：

1）纵向水平杆步距，底层不得大于 2m，其他层不宜大于 1.8m。

2）纵向水平杆宜设置在立杆内侧，其长度不宜小于 3 跨。

3）纵向水平杆宜采用对接扣件连接接长，也可采用搭接接长。

4）如图 3-17 所示，纵向水平杆对接时，接头应交错布置，两根相邻纵向水平杆的接头不宜设置在同步或同跨内，不同步或不同跨两个相邻接头在水平方向错开的距离不应小于 500mm，各接头中心至最近主节点的距离不宜大于纵距的 1/3。

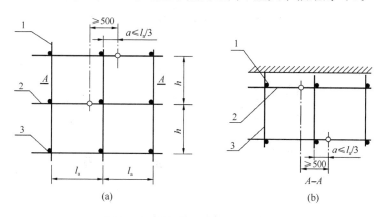

图 3-17 纵向水平杆对接接头布置

（a）接头不在同步内（立面）；（b）接头不在同跨内（平面）

1—立杆；2—纵向水平杆；3—横向水平杆

5）如图 3-18 所示，纵向水平杆搭接时，搭接长度不应小于 1m，应等间距设置 3 个旋转扣件固定，端部扣件盖板边缘至搭接纵向水平杆杆端的距离不应小于 100mm。

6）当使用冲压钢脚手板、木脚手板、竹串片等脚手板时，脚手板放置在横向水平杆上；纵向水平杆应作为横向水平杆的支座，用直角扣件固定在立杆上，如图 3-19 所示。

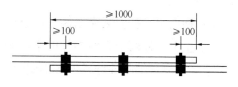

图 3-18 纵向水平杆搭接接头形式

7）当使用竹笆脚手板时，脚手板放置在纵向水平杆上。纵向水平杆应采用直角扣件固定在横向水平杆上，并应等间距布置，间距不应大于 400mm，如图 3-20 所示。

（2）横向水平杆

设置横向水平杆的目的是与纵向水平杆组成一个刚性平面，缩小立杆的长细比，提高立杆的承载能力，同时承受脚手板或纵向水平杆传来的荷载，增强脚手架横向平面的刚度，约束立杆的侧向变形。横向水平杆的构造应符合下列要求：

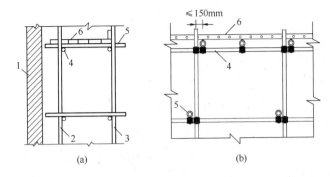

图 3-19　采用冲压钢脚手板等脚手板时纵向水平杆的设置

（a）侧立面图；（b）正立面图

1—结构；2—内立杆；3—外立杆；4—纵向水平杆；5—横向水平杆

（放在纵向水平杆上）；6—脚手板

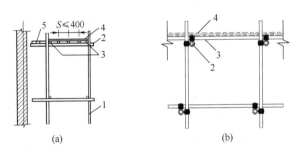

图 3-20　采用竹笆脚手板时纵向水平杆的设置

（a）侧立面图；（b）正立面图

1—立杆；2—横向水平杆；3—纵向水平杆；4—竹笆脚手板；

5—其他脚手板

1）在立杆与纵向水平杆的交点处，即主节点处应设置一根横向水平杆，用直角扣件扣接并严禁拆除。

2）横向水平杆应紧靠主接点，用直角扣件与立杆或纵向水平杆扣牢。

3）主节点处两个直角扣件的中心距不应大于 150mm。如图 3-21 所示，在双排脚手架中，靠墙一端的外伸长度 a 不应大于 $0.41b$，且不应大于 500mm。

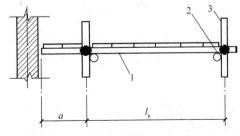

图 3-21　横向水平杆在主节点处的设置

1—横向水平杆；2—纵向水平杆；3—立杆

4）当使用冲压钢脚手板、木脚手板、竹串片脚手板等搭设作业层时，宜根据支撑脚手板的需要在非主节点处等距增设横向水平杆，以缩小脚手板的跨度，最大间距不应大于纵距的 1/2；当作业层转入其他层时，增设横向水平杆可以随脚手板一同拆除，但主节点处横向水平杆不得拆除。

5）当使用冲压钢脚手板、木脚手板、

竹串片脚手板时，双排脚手架的横向水平杆两端均应采用直角扣件固定在纵向水平杆上；单排脚手架的横向水平杆的一端，应用直角扣件固定在纵向水平杆上，另一端应插入墙内，插入长度不应小于 180mm。

6）当使用竹笆脚手板时，双排脚手架的横向水平杆两端，应采用直角扣件固定在立杆上；单排脚手架的横向水平杆的一端，应用直角扣件固定在立杆上，另一端应插入墙内，插入长度亦不应小于 180mm。

7）单排脚手架的横向水平杆不应设置在下列部位：

① 设计上不允许留脚手眼的部位。

② 120mm 厚墙、料石清水墙和独立柱。

③ 过梁上与过梁成 60°角的三角形范围及过梁净跨度 1/2 的高度范围内。

④ 砌体门窗洞口两侧 200mm（石砌体为 300mm）和宽度小于 1m 的窗间墙。

⑤ 砌体转角处 450mm（石砌体为 600mm）范围内。

⑥ 梁或梁垫下及其左右 500mm 范围内。

3. 扫地杆

脚手架必须设置纵、横向扫地杆。扫地杆的主要作用是固定立杆底部，约束立杆水平位移及沉陷，提高脚手架的整体刚度。

（1）纵向扫地杆应采用直角扣件固定在距底座上皮不大于 200mm 处的立杆上。横向扫地杆采用直角扣件固定在紧靠纵向扫地杆下方的立杆上。

（2）如图 3-22 所示，当立杆基础不在同一高度上时，必须将高处的纵向扫地杆向低处延长 2 跨与立杆固定，高低差不应大于 1m。靠边坡上方的立杆轴线到边坡的距离不应小于 500mm，脚手架底层步距不应大于 2m。

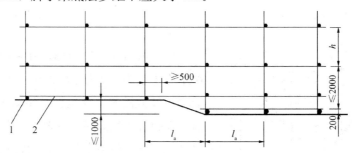

图 3-22　纵、横向扫地杆构造
1—横向扫地杆；2—纵向扫地杆

4. 剪刀撑

剪刀撑是在脚手架外侧成对设置的交叉斜杆。剪刀撑是防止脚手架纵向变形的重要措施，合理设置剪刀撑还可以增强脚手架的整体刚度。双排脚手架应设剪刀撑与横向斜撑，单排脚手架应设剪刀撑。剪刀撑的设置应符合下列要求：

（1）每道剪刀撑宽度不应小于 4 跨，且不应小于 6m，斜杆与地面的倾角宜为

45°～60°，各底层斜杆下端均应支承在垫块或垫板上；剪刀撑跨越立杆的最多根数应符合表 3-5 的规定。

剪刀撑跨越立杆的最多根数			表 3-5
剪刀撑杆与地面的夹角 α	45°	50°	60°
剪刀撑跨越立杆的最多根数 n	7	6	5

（2）高度在 24m 以下的单、双排脚手架，均必须在外侧立面的两端各设置一道剪刀撑，并应由底至顶连续设置；中间各道剪刀撑之间的净距不应大于 15m，如图 3-23 所示。

（3）高度在 24 m 及以上的双排脚手架应在外侧立面整个长度和高度上连续设置剪刀撑，如图 3-24 所示。

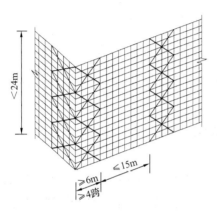

图 3-23　24m 以下的单、双排脚手架剪刀
撑设置示意图

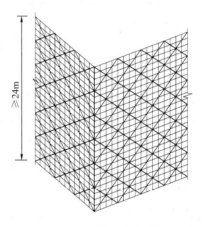

图 3-24　24m 以上的双排脚手架剪刀撑
设置示意图

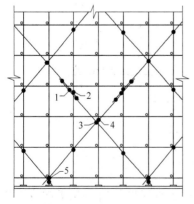

图 3-25　剪刀撑斜杆件接长及固定点示意图

1—搭接段固定（共 3 个）；2—搭接段与立杆固定；3—交叉点固定；4—斜杆与立杆固定；5—底部端点与立杆或横向水平杆固定

（4）剪刀撑斜杆的接长宜采用搭接，搭接长度不应小于 1m，采用不少于 3 个旋转扣件固定，端部扣件盖板的边缘至杆端距离不小于 100mm；剪刀撑斜杆应用旋转扣件固定在与之相交的横向水平杆的伸出端或立杆上，旋转扣件中心线至主节点的距离不宜大于 150mm，如图 3-25 所示。

（5）剪刀撑、横向斜撑应当随立杆、纵向和横向水平杆等同步搭设。

3.2.5　扣件

扣件用于钢管之间的连接，其主要作用是依靠摩擦力传递各种施工荷载。扣件的设置应符合下列要求：

（1）扣件规格必须与钢管外径相同。

（2）旧扣件使用前应当进行质量检查，有裂缝、变形的严禁使用，出现滑丝的螺栓必须更换。

（3）扣件螺栓拧紧扭力矩不应小于 40N·m，并不应大于 65N·m。

（4）在主节点处固定横向水平杆、纵向水平杆、剪刀撑、横向斜撑等所用的直角扣件、旋转扣件的中心点的相互距离不应大于 150mm。

（5）对接扣件开口应朝上或朝内。

（6）各杆件端头伸出扣件盖板边缘长度不应小于 100mm。

3.2.6 脚手板

脚手板是工人施工操作和堆放物料的平台，它主要承受施工荷载。脚手板的设置应符合下列要求：

（1）作业层脚手板应铺满、铺稳，离开墙面 120～150mm。

（2）冲压钢脚手板、木脚手板、竹串片脚手板等，应设置在 3 根横向水平杆上。当脚手板长度小于 2m 时，可采用 2 根横向水平杆支承，但应将脚手板两端与其可靠固定，严防倾翻。此三种脚手板的铺设可采用对接平铺，亦可采用搭接铺设。

1）如图 3-26（a）所示，脚手板对接平铺时，接头处必须设 2 根横向水平杆，脚手板外伸长度应取 130～150mm，两块脚手板外伸长度的和不应大于 300mm。

2）如图 3-26（b）所示，脚手板搭接铺设时，接头必须支在横向水平杆上，搭接长度应大于 200mm，其伸出横向水平杆的长度不应小于 100mm。

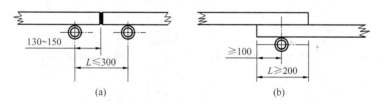

图 3-26　脚手板对接、搭接构造

（a）脚手板对接；（b）脚手板搭接

（3）竹笆脚手板应按其主竹筋垂直于纵向水平杆方向铺设，且采用对接平铺，四个角应用直径 1.2mm 的镀锌钢丝固定在纵向水平杆上。

（4）作业层端部脚手板探头长度应为 130～150mm，其板长两端均应与支承杆可靠地固定。

凡脚手板伸出横向水平杆以外大于 150mm 的称为探头板，严禁探头板出现。

脚手板如果不与脚手架绑扎固定，可采用定型工具式扁钢固定卡固定，如图 3-27

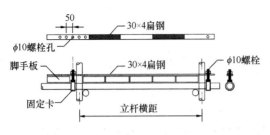

图 3-27　脚手板固定卡示意图

所示。

当操作层不需沿脚手架长度满铺脚手板时，可在端部采用护栏及立网将作业面限定，把探头板封闭在作业面以外。

3.2.7　连墙件

连墙件能够防止因风荷载等水平外力作用而发生的脚手架向内或向外倾翻，同时减小立杆的计算长度，提高承载能力，保证脚手架的整体稳定性。连墙件设置数量不足、构造不符合要求或被任意拆卸，极易造成脚手架倾覆坍塌事故。

1. 连墙件构造基本要求

按照构造形式，连墙件可分为刚性连墙件和柔性连墙件，一般情况下应优先采用刚性连墙件。连墙件构造设置的基本要求是：

（1）杆件间的连接必须可靠，扣件必须拧紧；垫木必须夹持稳固，避免脱出。

（2）装设连墙件时，应保证立杆的垂直度要求。

（3）连墙件必须采用可承受拉力和压力的构造。对高度在 24m 以下的单、双排脚手架，宜采用刚性连墙件与建筑物可靠连接，亦可采用拉筋和顶撑配合使用的附墙连接方式。严禁使用仅有拉筋的柔性连墙件。

（4）连墙件中的连墙杆或拉筋宜呈水平设置，当不能水平设置时，与脚手架连接的一端容许稍向下斜，不允许采用上斜连接，如图 3-28 所示。

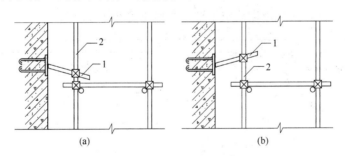

图 3-28　连墙件的构造要求

（a）连墙件下斜（正确）；（b）连墙件上斜（错误）

1—连墙件；2—内立杆

（5）架高超过 40m 且有风涡流作用时，应采取抗上升翻流作用的连墙措施。

（6）当脚手架下部暂不能设连墙件时可搭设抛撑；抛撑应在连墙件搭设后方可拆除。

2. 刚性连墙件

用钢管、扣件或预埋件等变形较小的材料将立杆与主体结构连接在一起，可组成刚性连墙件。刚性连墙件既能承受拉力，又能承受压力作用，又有一定的抗弯和抗扭能力，能抵抗脚手架相对于墙体的里倒和外张变形，也能对立杆的纵向弯曲变形有一定的约束作用。

扣件式钢管脚手架的刚性连墙件构造常用形式有以下几种：

（1）单杆穿墙夹固式：单根横向水平杆穿过墙体，在墙体两侧用短钢管（长度等于或大于0.6m，立放或平放）塞以垫木（6cm×9cm或5cm×10cm方）固定，如图 3-29（a）所示。

（2）单杆窗口夹固式：单根横向水平杆通过门窗洞口，在洞口墙体两侧用适长的钢管（立放或平放）塞以垫木固定，如图 3-29（b）所示。

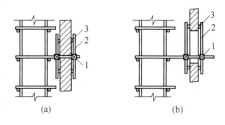

图 3-29　夹固式刚性连接
（a）单杆穿墙夹固式；（b）单杆窗口夹固式
1—直角扣件；2—短钢管；3—垫木

（3）双杆穿墙夹固式：一对上下或左右相邻的横向水平杆穿过墙体，在墙体的两侧用横向水平杆塞以垫木固定。

（4）双杆窗口夹固式：一对上下或左右相邻的横向水平杆通过门窗洞口，在洞口墙体两侧用适长的钢管塞以垫木固定。

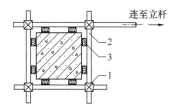

图 3-30　单杆箍柱式刚性连接
1—直角扣件；2—短钢管；3—垫木

（5）单杆箍柱式：单杆适长的横向水平杆紧贴结构的柱子，用 3 根短钢管将其固定于柱侧，如图 3-30 所示。

（6）双杆箍柱式：用适长的横向水平杆和短钢管各 2 根抱紧柱子固定。

（7）埋件连固式：在混凝土墙体（或框架的柱、梁）中埋设连墙件，用扣件与脚手架立杆或纵向水平杆连接固定。预埋的连墙件形式如下：

1）预埋钢管法：预埋钢管法是在混凝土浇筑前用一竖向短钢管埋设于梁内约 200mm，露出梁背约 200mm，待混凝土浇筑完成后，用水平长钢管连接立杆与竖向短钢管即可，如图 3-31 所示。

2）带短钢管埋件：在普通埋件的钢板上焊以适长的短钢管，钢管的长度应能满足与立杆或纵向水平杆可靠连接，如图 3-32 所示。拆除时须用气割从钢管焊接处割开。

3. 柔性连墙件

采用钢丝、钢筋等做拉结筋将立杆与主体结构连接在一起，可组成柔性连墙件。柔性连墙件只能承受

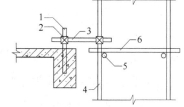

图 3-31　预埋钢管法刚性连接
1—混凝土内预埋短钢管；2—直角扣件；3—连接杆件（短钢管）；4—脚手架里排立杆；5—纵向水平杆；6—横向水平杆

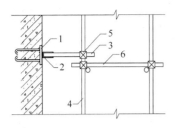

图 3-32　带短钢管埋件刚性连接

1—埋件钢板；2—连接角钢焊接；

3—连接杆件（短钢管）；4—内立杆；

5—扣件；6—横向水平杆

拉力作用，不具有抗弯、抗扭作用，只能限制脚手架向外倾倒，不能防止脚手架向里倾斜，因此应与顶撑配合使用。常用的构造做法是在主体结构内预埋 ϕ6mm 钢筋与架体拉结或用双股 8 号镀锌钢丝与架体拉结，同时必须设顶撑，使其可靠地顶在圈梁、柱等结构部位。

单排脚手架柔性连墙构造如图 3-33（a）所示，靠近建筑物结构体，在横向水平杆用直角扣件连接适当长的钢管，钢管与建筑物结构体之间塞以垫木固定，并将钢管与建筑物结构体预埋件连接。

双排脚手架柔性连墙构造如图 3-33（b）所示，连墙件处横向水平杆靠近主节点用直角扣件与立杆连接，并与建筑物结构体顶紧。将脚手架内立杆与建筑物结构体预埋件连接。

4．连墙件的布置要求

（1）连墙件的强度、稳定性和连接强度应按规定进行计算。

（2）连墙件的间距一般为两步三跨或三步三跨，见表 3-6。当脚手架搭设高度较高需要缩小连墙件间距时，减小竖向间距比减小水平间距更为有效。从脚手架荷载试验来看，连墙件按现两步三跨设置比三步两跨设置更能增强脚手架的承载能力。

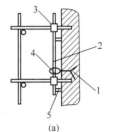
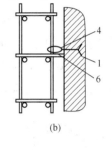

图 3-33　柔性连墙构造

（a）单排脚手架；（b）双排脚手架

1—预埋件；2—适长钢管；3—直角扣件；4—双股钢丝

（或钢筋）；5—塞木顶紧；6—横向水平杆顶紧

连墙件的布置　　　　　　　　　　　　　　　　　表 3-6

脚手架的高度（m）		竖向间距	水平间距	每根连墙件覆盖面积（m²）
双排	≤50	$3h$	$3l_a$	≤40
	>50	$2h$	$3l_a$	≤27
单排	≤24	$3h$	$3l_a$	≤40

注：h——步距；l_a——纵距。

（3）连墙件宜靠近主节点设置，偏离主节点的距离不应大于 300mm。只有连墙件在主节点附近方能有效地阻止脚手架发生横向弯曲失稳或倾覆，若远离主节点设置连墙件，因立杆的抗弯刚度较差，将会使立杆产生局部弯曲，减弱甚至起不到约束脚手架横向变形的作用。

（4）连墙件应从底层第一步纵向水平杆处开始设置，当该处设置有困难时，应采用其他可靠措施固定。

（5）连墙件宜优先采用菱形布置，如图 3-34 所示；也可采用正方形、矩形布置。

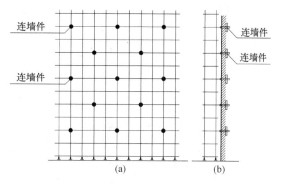

（6）"一"字形、开口形脚手架的两端必须设置连墙件，连墙件的竖向间距不应大于建筑物的层高，并不应大于 4m（2 步）。

图 3-34　连墙件的菱形布置

（a）正立面图；（b）剖面图

3.2.8　门洞

施工过程中脚手架遇到需通行的门洞时，为了施工方便及不影响通行和运输，位于洞口处的立杆无法设置，这样洞口上方的立杆不能落到基底上，这时不论单、双排脚手架均可挑空 1～2 根立杆，并将悬空的立杆用斜杆逐根连接，使荷载分布到两侧立杆上。

（1）门洞上方的立杆从洞口上方的纵向水平杆开始扣接，洞口上方的内、外纵向水平杆可用两根钢管加强。

（2）门洞宜采用上升斜杆、平行弦杆桁架结构形式。如图 3-35 所示，斜杆与地面的倾角 α 应为 45°～60°。门洞桁架的形式宜按下列要求确定：

1）当步距（h）小于纵距（l_a）时，应采用 A 型。

2）当步距（h）大于纵距（l_a）时，应采用 B 型，并应符合下列规定：

① $h=1.8m$ 时，纵距不应大于 1.5m。

② $h=2.0m$ 时，纵距不应大于 1.2m。

（3）门洞桁架的构造应符合下列规定：

1）单排脚手架门洞处，应在平面桁架的每一节间设置一根斜腹杆；双排脚手架门洞处的空间桁架，除下弦平面外，应在其余 5 个平面内的图示节间设置一根斜腹杆（图 3-35 中 1—1、2—2、3—3 剖面）。

2）斜腹杆宜采用旋转扣件固定在与之相交的横向水平杆的伸出端上，旋转扣件中心线至主节点的距离不宜大于 150mm。当斜腹杆在 1 跨内跨越 2 个步距时，如图 3-35（a）、图 3-35（b）所示，宜在相交的纵向水平杆处，增设 1 根横向水平杆，将斜腹杆固定在其伸出端上。

3）斜腹杆宜采用通长杆件，当必须接长使用时，宜采用对接扣件连接，也可采用搭接，搭接构造应符合立杆搭接的规定。

4）单排脚手架过窗洞时应增设立杆或增设 1 根纵向水平杆，如图 3-36 所示。

5）门洞桁架下的两侧立杆应为双管立杆，副立杆高度应高于门洞口 1～2 步。

6）门洞桁架中伸出上下弦杆的杆件端头，均应增设 1 个防滑扣件，该扣件宜紧靠

61

主节点处的扣件。

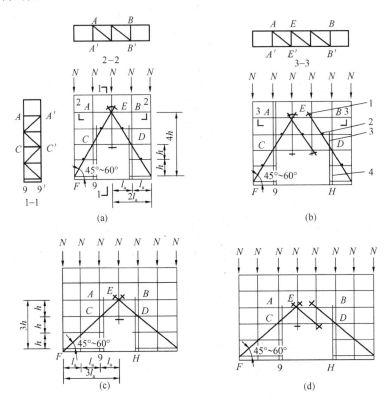

图 3-35 门洞处上升斜杆、平行弦杆桁架

（a）挑空 1 根立杆（A 型）；（b）挑空 2 根立杆（A 型）；（c）挑空 1 根立杆（B 型）；

（d）挑空 2 根立杆（B 型）

1—防滑扣件；2—增设的横向水平杆；3—副立杆；4—主立杆

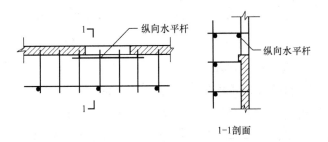

图 3-36 单排脚手架过窗洞构造

3.2.9 横向斜撑与抛撑

1. 横向斜撑

与双排脚手架内、外立杆或水平杆斜交呈"之"字形的斜杆，当沿立杆设置时应上下连续设置，主要是为增强脚手架横向平面的刚度。

（1）横向斜撑应在同一节间，从底到顶层呈"之"字形连续布置，斜撑杆宜采用旋转扣件固定在与之相交的横向水平杆的伸出端上，旋转扣件中心线至主节点的距离不宜大于150mm。

（2）当斜撑杆在1跨内跨越2个步距时，宜在相交的纵向水平杆处，增设1根横向水平杆，将斜腹杆固定在其伸出端上。

（3）斜撑杆宜采用通长杆件，当必须接长时，宜采用对接扣件连接，也可采用搭接。

（4）"一"字形、开口形双排脚手架的两端均必须设置横向斜撑，中间宜每隔6跨设置1道。

（5）高度在24m以下的封闭型双排脚手架可不设横向斜撑，高度在24m以上的封闭型脚手架，除拐角应设置横向斜撑外，中间应每隔6跨设置1道。

2. 抛撑

抛撑是指设在脚手架周围，横向撑住脚手架的斜杆。脚手架搭设高度在7步以下时，可采用抛撑方法保持脚手架架体的稳定。抛撑的设置应符合以下规定：

（1）抛撑应采用通长杆件与脚手架可靠连接，与地面的倾角应为$45°\sim60°$。

（2）抛撑与架体连接点中心至主节点的距离不应大于300mm。

3.2.10 斜道

斜道也称为马道，是作业人员上下通行用的通道。斜道每层都设有脚手架板及挡脚板，其立杆的荷载往往很大，因此斜道处的立杆要验算其稳定性。若不足时，可采取增加立杆或局部卸荷的措施。

1. 斜道的形式

人行并兼做材料运输的斜道的形式宜按下列要求确定：

（1）高度不大于6m的脚手架，宜采用"一"字形斜道。

（2）高度大于6m的脚手架，宜采用"之"字形斜道。

2. 斜道的构造

斜道的构造应符合下列要求：

（1）斜道宜附着外脚手架或建筑物设置，但斜道与建筑物结构应有有效拉结。

（2）斜道两侧、端部及平台外围，必须设置剪刀撑。

（3）宽度大于2m的斜道，在脚手板下的横向水平杆下，应设置"之"字形横向支撑。

（4）运料斜道宽度不宜小于1.5m，坡度宜采用1:6（高:长）；人行斜道宽度不宜小于1m，坡度宜采用1:3。

（5）拐弯处应设置平台，其宽度不应小于斜道宽度。

（6）斜道两侧及平台外围均应设置栏杆及挡脚板。栏杆高度应为 1.2m，挡脚板高度不应小于 180mm。

（7）运料斜道两侧、平台外围和端部均应按连墙件的规定设置连墙件。每两步应加设水平斜杆及剪刀撑和横向斜撑。

3. 斜道脚手板的构造

斜道脚手板的构造应符合下列规定：

（1）脚手板横铺时，应在横向水平杆下增设纵向支托杆，纵向支托杆间距不应大于 500mm。

（2）脚手板顺铺时，接头宜采用搭接；下面的板头应压住上面的板头，板头的凸棱处宜采用三角木填顺。

（3）人行斜道和运料斜道的脚手板上应每隔 250～300mm 设置一根防滑木条，木条厚度宜为 20～30mm。

3.2.11 卸料平台

在建筑施工中，为方便运送材料，常需在楼层设置卸料平台。

卸料平台构造及尺寸应根据施工的需要设计而定，卸料平台应为独立的受力系统。

卸料平台必须进行设计计算，并按照设计限定的荷载使用。平台上应在明显处设置标识牌，规定使用要求和限定荷载。

型钢悬挑式卸料平台由主梁、次梁、吊坏、平台板、拉索（钢丝绳）、防护栏杆及挡板组成。图 3-37 所示为型钢悬挑式卸料平台结构简图。其制作要求如下：

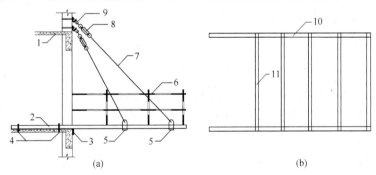

图 3-37　型钢悬挑式卸料平台结构简图

（a）立面图；（b）平面图

1—混凝土结构梁板；2—主梁搁置端；3—止挡件；4—主梁锚固点；5—下吊点；

6—防护栏杆；7—钢丝绳；8—花篮螺栓；9—上吊点；10—主梁；11—次梁

（1）主梁和次梁应用工字钢或槽钢制作，禁止使用脚手架钢管。

（2）主梁与次梁必须采用焊接连接，焊点应符合规范要求；主梁一端伸进楼面内，与楼板结构固定；次梁应等距均布，次梁上铺设木底板。

（3）主梁在平台搁置支点处应加设止挡件，止挡件的长度应与主梁宽度相同；主梁应锚固在建筑物结构上，锚固点不少于 2 处。

（4）吊环应使用圆钢制作。斜拉杆或钢丝绳上端钩挂在上层结构上，下端与主梁上的吊环固定。

（5）使用钢丝绳做吊索时，其长度宜一次定型；钢丝绳设前后 2 道，后一道具有预防作用；每根钢丝绳用 3 只钢丝绳夹夹牢，上部拉结点用 2 套卸扣连接，可加设花篮螺栓调节钢丝绳的长度，花篮螺栓与钢丝绳的强度应匹配；建筑物转角口（锐角）系钢丝绳处应加补软垫物。

（6）卸料平台的上部拉结点必须设置在建筑物结构上，不得设置在脚手架上。

（7）采用钢板做平台板时，应用螺栓或焊接与次梁固定；采用木板时应与次梁绑扎牢固。

（8）卸料平台临边应设置防护栏杆和挡脚板。防护栏杆上杆高度为 1.1～1.2m，下杆高度为 0.5～0.6m，挡脚板高度不低于 180mm；栏杆内侧应设置硬质材料挡板或密目安全网封闭。

（9）安装悬挑平台时，应使挑出部分稍微向上倾斜。

3.3 扣件式钢管脚手架搭设

脚手架搭设必须严格执行有关的脚手架安全技术规范，采取切实可靠的安全措施，以保证安全可靠施工。

3.3.1 准备工作

（1）建筑架子工属于特种作业人员，必须持住房和城乡建设部颁发的"建筑施工特种作业操作资格证书"方可上岗。

（2）技术人员按照规定向作业人员进行安全技术交底。

（3）对钢管、扣件、脚手板等构配件进行检查验收。

（4）经检验合格的构配件应按品种、规格分类，堆放整齐、平稳，堆放场地不得有积水。

（5）清除搭设场地杂物，平整搭设场地，保持排水畅通。

（6）脚手架基础下有设备基础、管沟时，在脚手架使用过程中不应开挖；否则，应当采取加固措施。

（7）主要设备与工具的准备。搭设扣件式钢管脚手架常用的主要设备与工具有：

1）起重设备：施工升降机、塔机、物料提升机等。

2）搭设工具：活扳手、呆扳手、梅花扳手、力矩扳手等。

3）检测工具：钢直板尺、游标卡尺、水平尺、角尺、卷尺。

（8）按专项施工方案要求进行放线、定位。

3.3.2 搭设程序

脚手架按形成基本构架单元的要求，逐排、逐跨、逐步地进行搭设。脚手架一次搭设的高度不应超过相邻连墙件以上2步。

封闭型脚手架可在其中的一个转角的两侧各搭设一个1～2根杆长和1根杆高的架体，并按规定要求设置剪刀撑或横向斜撑，形成一个稳定的架体，如图3-38所示；然后向两边延伸搭设好后，再分步向上搭设。

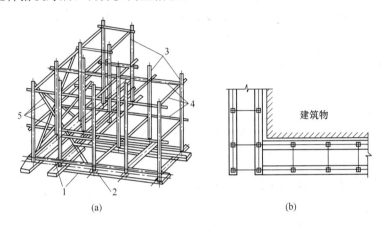

图 3-38 脚手架搭设的起始架

（a）轴测图；（b）平面图

1—垫板；2—底座；3—立杆；4—水平杆；5—剪刀撑

在搭施脚手架时，各杆的搭设顺序为：

摆放纵向扫地杆→逐根树立杆（随即与纵向扫地杆扣紧）→安放横向扫地杆（与立杆或纵向扫地杆扣紧）→安装第一步纵向水平杆和横向水平杆→安装第二步纵向水平杆和横向水平杆→加设临时抛撑（上端与第二步纵向水平杆扣紧，在设置二道连墙杆后可拆除）→安装第三、四步纵向和横向水平杆；设置连墙杆→安装横向斜撑→接立杆→加设剪刀撑→铺脚手板→安装护身栏杆和挡脚板→挂安全网。

3.3.3 搭设要求

扣件式脚手架搭设要求如下：

（1）清理、检查基底；定位放线、铺垫板、设置底座或标定立杆位置。

（2）"一"字形脚手架应从一端开始并向另一端延伸搭设；周边脚手架应从一个角部开始并向两边延伸交圈搭设。

（3）放置纵向扫地杆（贴近地面的纵向水平杆）。

（4）按定位依次竖起立杆，将立杆与纵、横向扫地杆连接固定。

（5）装设第 1 步的纵向和横向水平杆，随校正立杆垂直后予以固定。

（6）按此要求继续向上搭设。

（7）搭设第 2 步后加设临时抛撑，抛撑每隔 6 个立杆设 1 道，待连墙件固定后拆除。

（8）架高 7 步以上时随施工进度，逐步加设剪刀撑。剪刀撑、斜撑等整体拉结杆件和连墙件应随搭升的架子同时设置。

（9）每搭设完一步脚手架后，应当校正步距、纵距、横距和立杆垂直度。

（10）在操作层上铺脚手板，安装防护栏杆和挡脚板，挂设安全网。

3.3.4　局部卸载

当需要搭设超过允许高度的脚手架时，应采取局部卸载措施。局部卸载措施是指在规定高度之上分段装设挑支架或撑拉构造，将该段的脚手架荷载全部或部分地卸给工程结构承受。图 3-39 所示为桁架卸载示意图。

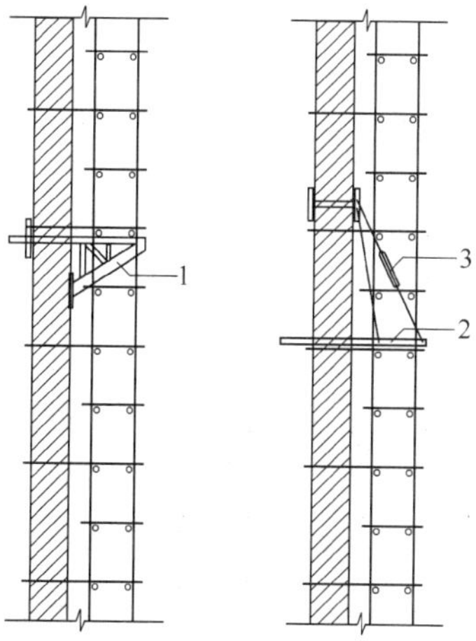

卸载装置的设置和构造一般应满足以下要求：

（1）卸载桁架和撑拉体系的构造及建筑物结构上的附着点、拉结点必须经过严格的设计计算，使其具有足够的承载力。

（2）撑拉体系的撑拉节点必须满足传力要求。

（3）必须经过荷载试验并确保其安全可靠后，方可确定使用。

图 3-39　桁架卸载示意图
（a）下撑式桁架卸载；（b）斜拉式桁架卸载
1—卸载桁架；2—挑架；3—钢丝绳拉杆（花篮螺栓）

3.3.5　搭设质量

（1）应符合构造规定和设计要求，个别部位的尺寸变化应在允许的调整范围之内。技术要求、允许偏差与检验方法见表 3-7。

脚手架搭设的技术要求、允许偏差与检验方法　　　　　　　表 3-7

项次	项目		技术要求	容许偏差（mm）	示意图	检查方法与工具
1	地基基础	表面	坚实平整	—	—	观察
		排水	不积水			
		垫板	不晃动			
		底座	不滑动	−10		
			沉降			

续表

项次	项目		技术要求	容许偏差（mm）	示意图	检查方法与工具
2	立杆垂直度	最后验收垂直度 20～50m	—	±100		用经纬仪或吊线和卷尺

下列脚手架允许偏差（mm）

搭设中检查垂直度偏差的高度（m）	总高度（m）		
	50	40	20
$H=2$	±7	±7	±7
$H=10$	±20	±25	±50
$H=20$	±40	±50	±100
$H=30$	±60	±75	
$H=40$	±80	±100	
$H=50$	±100		

中间档次用插入法

项次	项目	项目	技术要求	容许偏差（mm）	示意图	检查方法与工具
3	间距	步距偏差	—	±20	—	钢板尺
		柱距偏差		±50		
		排距偏差		±20		
4	纵向水平杆高差	一根杆的两端	—	±20		水平仪或水平尺
		同跨内两根纵向水平杆高差	—	±10		
5		双排脚手架横向水平杆外伸长度偏差	外伸500mm	—50	—	钢板尺
6	扣件安装	主节点处各扣件中心点相互距离	$a \leqslant 150mm$	—		钢板尺

项次	项目		技术要求	容许偏差（mm）	示意图	检查方法与工具
6	扣件安装	同步立杆上两个相邻对接扣件的高差	$a\geqslant500$mm	—		钢卷尺
		立柱上的对接扣件距主节点的距离	$a\leqslant h/3$	—		钢卷尺
		纵向水平杆上的对接扣件距主节点的距离	$a\leqslant l_a/3$	—		钢卷尺
		扣件螺栓拧紧扭力矩	$40\sim65$N·m	—	—	扭力扳手
7	剪刀撑与地面的倾角		$45°\sim60°$	—	—	角尺
8	脚手板外伸长度	对接	$a=130\sim150$mm $l\leqslant300$mm	—		卷尺
		搭接	$a\geqslant100$mm $l\geqslant200$mm	—		卷尺

注：① 中间档次用插入法。

② 杆件编号说明：1—立柱；2—纵向水平杆；3—横向水平杆；4—剪刀撑。

（2）对接扣件开口应朝上或朝内。

（3）各杆件端头伸出扣件盖板边缘长度不应小于100mm。

3.3.6 检查验收

（1）脚手架的验收和日常检查按以下规定情况下进行，检查合格后方允许投入使用或继续使用。

1）脚手架基础完工后及架体搭设前。

2）搭设达到设计标高后。

3）每搭设完10～13m高度后。

4）作业层上施加荷载前。

5）遇有六级风与大雨、大雪、地震等强力因素作用之后及寒冷地区开冻后。

6）连续使用达到6个月。

7）停用超过1个月。

8）在使用过程中，发现有显著的变形、沉降、拆除杆件和拉结以及安全隐患存在的情况时。

（2）脚手架使用中，应定期检查下列项目：

1）地基是否积水，底座是否松动，立杆是否悬空。

2）杆件的设置需要和连接，连墙件、支撑、门洞桁架等的构造是否符合要求。

3）扣件螺栓是否松动。

4）立杆的沉降与垂直度的偏差是否符合规范规定。

5）安全防护措施是否符合要求。

6）是否超载。

（3）脚手架搭设的技术要求、允许偏差与检验方法应符合表3-7的规定。

（4）安装后的脚手架扣件螺栓拧紧扭力矩应采用扭力矩扳手检查，按随机分布抽样进行，抽样检查数量及质量判定标准见表3-8。不合格必须重新拧紧，直至合格为止。

扣件螺栓拧紧抽样检查数量及质量判定标准　　　　　　表3-8

项次	检 查 项 目	安装扣件数量（个）	抽检数量（个）	允许的不合格数（个）
1	连接立杆与纵（横）向水平杆或剪刀撑的扣件；接长立杆与纵向水平杆或剪刀撑的扣件	51～90	5	0
		91～150	8	1
		151～280	13	1
		281～500	20	2
		501～1200	32	3
		1201～3200	50	5
2	连接横向水平杆与纵向水平杆的扣件（非主接点处）	51～90	5	1
		91～150	8	2
		151～280	13	3
		281～500	20	5
		501～1200	32	7
		1201～3200	50	10

3.4　扣件式钢管脚手架拆除

3.4.1　准备工作

（1）应全面检查脚手架的扣件连接、连墙件、支撑体系等是否符合构造要求。

（2）应清除脚手架上杂物及地面障碍物，如脚手板上的混凝土、砂浆块、U形卡、活动杆子及材料。

（3）应根据检查结果补充完善拆除方案，经批准后方可实施。

（4）拆除前，工程项目及架工班组要向拆架施工人员进行书面安全交底工作。交底要有记录，交底内容要有针对性，拆架子的注意事项必须讲清楚。

（5）拆架前施工现场先拉好警戒围栏，现场技术管理人员和安全管理人员应对拆除作业进行巡查，及时纠正违章作业。

3.4.2　拆除程序

（1）拆除脚手架严禁上下同时作业。架子拆除程序应由上而下，按层按步拆除。按照先后搭的杆件，先架面材料后构架材料，先结构件后附墙件的顺序拆除。剪刀撑、连墙件不能一次性全部拆除，杆拆到哪一层，剪刀撑、连墙件才能拆到哪一层。

（2）拆除脚手架一般应按如下工艺流程进行：拆安全网→拆防护栏杆→拆挡脚板→拆脚手板→拆横向水平杆→拆纵向水平杆→拆剪刀撑→拆连墙件→拆立杆→杆件传递至地面→清除扣件→按规格堆码→拆横向水平扫地杆→拆纵向水平扫地杆→底座→垫板。

3.4.3　脚手架拆除注意事项

（1）拆除过程中，应指派一名责任心强、技术水平高的人员担任指挥，负责拆除工作的安全作业。

（2）作业人员要穿戴好个人防护用品，穿防滑鞋上架作业，衣服要轻便，高处作业必须系安全带。

（3）拆杆和放杆时，必须由2~3人协同操作；拆纵向水平杆时，应由站在中间的人将杆向下传递，下方人员接到杆拿稳拿牢后，上方人员才准松手，严禁往下乱扔脚手架料具。

（4）拆架过程中遇有管线阻碍时，不得任意割移，同时要注意避免踩在滑动的杆件上操作。

（5）扣件必须从钢管上拆除，不准将扣件留在被拆下的钢管上。

（6）拆架人员应配备工具套，工具用后必须放在工具套内；手拿钢管时，不准同时拿扳手等工具。

（7）拆架时不准坐在架子上或不安全的地方休息，严禁在拆架时嬉戏打闹。

（8）拆除过程中如更换人员，必须重新进行安全技术交底。

（9）拆下来的杆件和扣件要随拆、随清、随运，并要分类、分堆、分规格码放整齐，要有防水措施，以防雨后生锈。

（10）严禁架子工在夜间进行脚手架拆除作业。

（11）施工中存在问题的地方应及时与技术部门联系，以便及时纠正。

（12）在电力线路附近拆除脚手架时，应停电进行拆除作业；不能停电时，应采取有效防护措施。

3.5 悬挑式脚手架

悬挑脚式手架是一种附着在建筑结构上的脚手架，其主要结构形式是在楼层面上安装型钢或桁架与建筑物固定，然后在型钢上搭设脚手架。

悬挑脚式手架一般是多层悬挑，将全高的脚手架分成若干段，利用悬挑梁或悬挑架做脚手架基础分段搭设，每段搭设高度不宜超过 20m。

悬挑式外脚手架一般应用在建筑施工中以下三种情况：

（1） ±0.000 以下结构工程回填土不能及时回填，而主体结构工程必须立即进行，否则将影响工期。

（2）高层建筑主体结构四周为裙房，脚手架不能直接支承在地面上。

（3）超高层建筑施工，脚手架搭设高度超过了架子的容许搭设高度，因此将整个脚手架按容许搭设高度分成若干段，每段脚手架支承在由建筑结构向外悬挑的结构上。

3.5.1 施工方案

悬挑式脚手架在搭设之前，应制定搭设方案并绘制施工图指导施工。悬挑式脚手架必须进行设计计算。其内容主要包括：悬挑梁或悬挑架的选材及搭设方法，悬挑构件的强度、刚度、抗倾覆验算，与建筑结构连接做法及要求，上部脚手架立杆与悬挑构件的连接等。

3.5.2 悬挑式外脚手架的构造

悬挑式脚手架的主体结构多采用扣件式钢管脚手架，也可以采用门式钢管脚手架或碗扣式钢管脚手架；脚手架的底部支撑可采用悬挑梁或悬挑架等形式。

悬挑梁脚手架是用槽钢、工字钢等型钢做挑梁，将悬挑梁尾端固定在建筑物钢筋混凝土楼板上，另一端悬挑出楼板；悬挑梁按立杆间距布置，梁上焊短管做底座，脚手架立杆插入底座固定，然后设置扫地杆。

悬挑架脚手架是采用悬挑三角形桁架结构，将一段高度的脚手架荷载全部传给底部的悬挑三角形桁架承担，悬挑三角形桁架本身即形成一刚性框架。悬挑架采用型钢制作，采用螺栓连接或焊接，不得采用扣件连接。

悬挑式外脚手架根据悬挑支承结构的不同，分为支撑杆式悬挑脚手架和挑梁式悬挑脚手架两类。

1. 支撑杆式悬挑脚手架

支撑杆式悬挑脚手架是直接利用脚手架杆作为支承结构来搭设脚手架。其搭设高度一般在 4 层楼高，12m 左右。

（1）支撑杆式双排悬挑脚手架

如图 3-40（a）所示悬挑脚手架的支承结构为内、外两排立杆上加设斜撑杆，斜撑杆一般采用双钢管，而水平横杆加长后一端与预埋在建筑物结构中的铁环焊牢，脚手架的荷载通过斜杆和水平横杆传递到建筑物上。

如图 3-40（b）所示悬挑脚手架的支承结构是采用下撑上拉的方法，在脚手架的内、外两排立杆上分别加设斜撑杆。斜撑杆的下端支承在建筑的梁或楼板上，并且内排立杆的斜撑杆的支点比外排立杆斜撑杆的支点高一层楼。斜撑杆上端用双扣件与脚手架的立杆连接。除了斜撑杆，还设置了拉杆，以增强脚手架的承载能力。

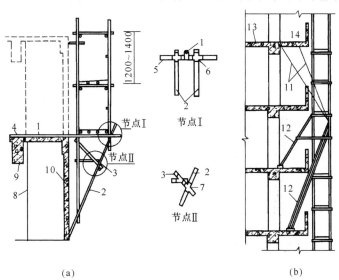

图 3-40 支撑杆式双排悬挑脚手架构造图
（a）斜撑杆式；（b）下撑上拉式
1—水平横杆；2—双斜撑杆；3—加强短杆；4—预埋铁环；5—大横杆；
6—直角扣件；7—回转扣件；8—柱；9—梁；10—外墙板；11—吊杆；
12—斜撑；13—楼板；14—阳台

（2）支撑杆式单排悬挑脚手架

如图 3-41（a）所示悬挑脚手架的支承结构为从窗门挑出横杆，斜撑杆支撑在下一层的窗台上。如无窗台，则可先在墙上留洞或预埋支托铁件，以支承斜撑杆。

如图 3-41（b）所示悬挑脚手架的支承结构是从同一窗口挑出横杆和伸出斜撑杆，斜撑杆的一端支撑在楼面上。

2. 挑梁式悬挑脚手架

挑梁式悬挑脚手架是采用固定在建筑物结构上的悬挑梁（或架），以此为支座搭设脚手架，一般为双排脚手架。其搭设高度一般控制在 6 个楼层（20m）以内，可同时进行 2～3 层作业，是目前较常用的脚手架形式。

（1）下撑挑梁式

如图 3-42 所示是下撑挑梁式悬挑脚手架支承结构。它是在主体结构上预埋型钢挑梁，并在挑梁的外端加焊斜撑压杆组成挑架。各根挑梁之间的间距不大于 6m，并用两根型钢纵梁相连，然后在纵梁上搭设扣件式钢管脚手架。

当挑梁的间距超过 6m 时，可用型钢制作的托架，如图 3-43 来代替图 3-42 中的挑梁、斜撑压杆组成的挑架，但这种形式下挑梁的间距也不宜大于 9m。

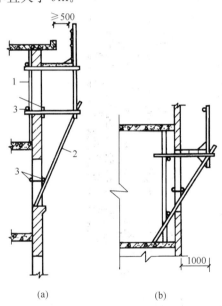

（a）　　　　　　（b）

图 3-41　支撑杆式单排悬挑脚手架构造图
（a）下层的斜支撑；（b）同层的斜支撑
1—立杆；2—斜杆；3—栏墙杆

（2）斜拉挑梁式

如图 3-44 所示为斜拉挑梁式悬挑脚手架，它是以型钢作挑梁，其端头用钢丝绳（或钢筋）作拉杆斜拉。

3. 悬挑式外脚手架与结构的连接

悬挑式外脚手架应与结构形成稳定的连接，将脚手架上的荷载传递到建筑结构上，保证脚手架的稳定和安全使用。

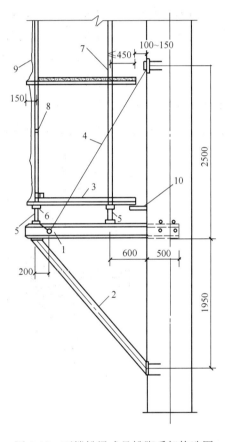

图 3-42　下撑挑梁式悬挑脚手架构造图
1—工字钢挑梁；2—斜撑压杆（Φ89×5）；
3—横梁；4—吊杆（Φ18）；5—纵梁；6—支座固定件；7—立杆；8—安全栏杆；9—安全网；
10—楼面密封

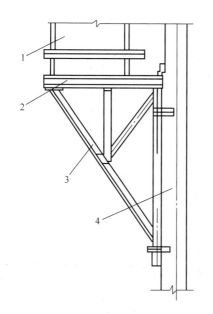

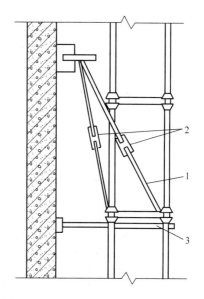

图 3-43　型钢托架

1—脚手架；2—型钢横梁；3—型钢托架；4—结构

图 3-44　斜拉挑梁式悬挑脚手架构造图

1—钢丝绳拉杆；2—紧固螺栓；3—水平挑梁

（1）支撑式挑梁与结构的连接构造，如图 3-45 所示。

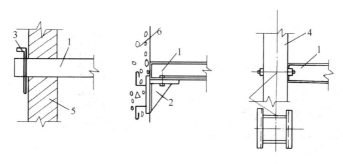

图 3-45　支撑式挑梁与结构的连接构造

1—挑梁；2—托架；3—钢销；4—柱；5—墙体；6—混凝土结构

（2）支撑杆下端与结构的连接构造，如图 3-46 所示。

（3）斜拉式挑梁与竖向结构的连接构造，如图 3-47 所示。

（4）挑梁与梁板结构的连接构造

型钢悬挑梁宜采用双轴对称截面的型钢（如槽钢、工字钢等），锚固端压点应采用不少于 2 个（对）的预埋 U 形钢筋拉环或螺栓固定；固定位置的楼板厚度不应小于120mm，否则应采取加固措施，混凝土的强度等级不应小于 C20。U 形钢筋拉环或螺栓应埋在梁板下排钢筋的上边，并与结构钢筋焊接或绑扎牢固，如图 3-48 所示。

型钢位置应与脚手架立杆位置对应，每一跨距宜设置一根悬挑梁，并应按确定的

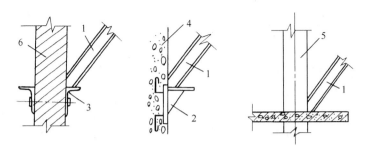

图 3-46　支撑杆下端与结构的连接构造

1—斜撑；2—托架；3—钢支托；4—混凝土结构；5—柱；6—墙体

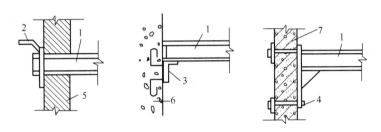

图 3-47　斜拉式挑梁与竖向结构的连接构造

1—挑梁；2—钢销；3—预埋支座；4—锚固螺栓；5—墙体；

6—混凝土结构；7—柱（墙）

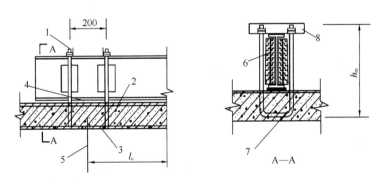

图 3-48　型钢悬挑梁与楼板固定

1—锚固螺栓；2—负弯矩钢筋；3—建筑结构楼板；4—钢板；5—锚固螺栓中心；

6—木楔；7—锚固钢筋（2Φ18，长 1500mm）；8—角钢

位置设置预埋件；型钢悬挑梁锚固端长度应不小于悬挑段长度的 1.25 倍；悬挑支撑点应设置在建筑结构的梁板上，不得设置在外伸阳台或悬挑楼板上（有加固措施的除外），如图 3-47 所示。

用于锚固的 U 形钢筋拉环或螺栓应采用冷弯成型，钢筋直径不应小于 16mm。当型钢悬挑梁与建筑结构采用螺栓钢压板连接固定时，钢压板尺寸不应小于 100mm×10mm（宽×厚）；当采用螺栓角钢压板连接固定时，角钢的规格不应小于 63mm×

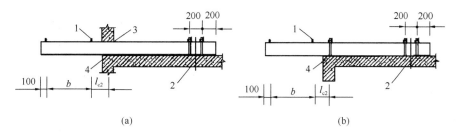

图 3-49 型钢悬挑梁在主体结构上的设置

（a）型钢悬挑梁穿墙设置；（b）型钢悬挑梁楼面设置

1—DN25 短钢管与钢梁焊接；2—锚固端压点；3—木楔；4—钢板（150mm×100mm×10mm）

63mm×6mm。在建筑平面转角处，如图 3-50 所示，型钢悬挑梁应经单独计算设置。悬挑脚手架在底层应满铺脚手板，并应将脚手板与型钢梁连接牢固。

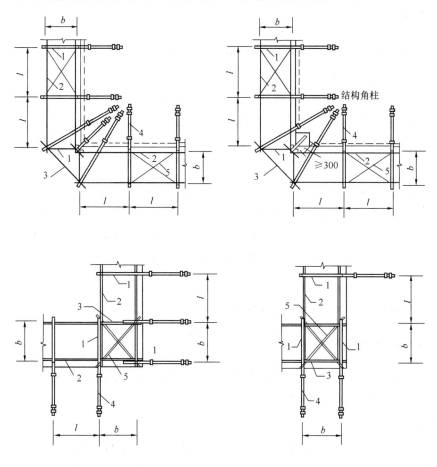

图 3-50 建筑平面转角处型钢悬挑梁设置

1—脚手架；2—水平加固杆；3—连接杆；4—型钢悬挑梁；5—水平剪刀撑

（5）斜拉杆与结构的连接构造，如图 3-51 所示。

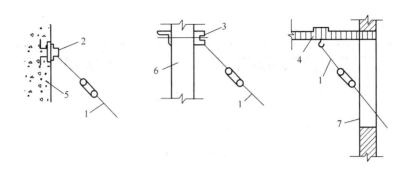

图 3-51　斜拉杆与结构的连接构造

1—斜拉杆；2—预埋铁件；3—角钢夹具；4—楼板结构；5—混凝土墙体；

6—柱；7—窗口

3.5.3　平面布置

（1）悬挑梁应采用 16 号以上型钢，悬挑梁尾端应在两处以上使用 $\phi16mm$ 以上圆钢锚固在钢筋混凝土楼板上。

（2）悬挑梁前端应采用 $\phi14mm$ 以上钢丝绳进行吊拉卸荷，钢丝绳拉环位置宜为悬挑型钢尾端向里 300mm 处，上端固定钢筋圆环应由设计而定，挂钩处钢丝绳应采用 U 形套环，其夹角不小于 $60°$。

（3）悬挑梁悬出部分不宜超过 2m。

（4）悬挑梁纵距宜按 1.5m 设置，每一纵距设置一根。

（5）在型钢挑梁或三角形挑架上的立杆位置应焊置一段 $\phi60mm×3mm×150mm$ 长的钢管，将立杆套在此管内，或在型钢上焊置一段钢筋，将立杆套在钢筋上。

（6）悬挑脚手架的连墙件宜按两步三跨设置，其他设置可参照落地式扣件钢管脚手架。

（7）建筑物与悬挑梁之间应满铺脚手板，并进行有效固定，严禁出现探头板。

3.5.4　悬挑脚手架的搭设

悬挑式扣件钢管脚手架与一般落地式扣件钢管脚手架的搭设要求基本相同。

（1）支撑杆式悬挑脚手架搭设

搭设顺序为：

安放水平横杆→纵向水平杆→双斜杆→内立杆→加强短杆→外立杆→脚手板→栏杆→安全网→上一步架的横向水平杆→连墙杆→水平横杆与预埋环焊接。

按上述搭设顺序一层一层搭设，每段搭设高度以 6 步为宜，并在下面支设安全网。

（2）挑梁式悬挑脚手架搭设

搭设顺序为：

安置型钢挑梁（架）→安装斜撑压杆、斜拉吊杆（绳）→安放纵向钢梁→搭设脚手架或安放预先搭好的脚手架。

按上述搭设顺序一层一层搭设，每段搭设高度以 12 步为宜。

（3）搭设要点

1）连墙杆的设置。根据建筑物的轴线尺寸，在水平方向应每隔 3 跨（间隔 6m）设置一个；在垂直方向应每隔 3～4m 设置一个；并要求各点互相错开，形成梅花状布置。

2）连墙杆的做法。除采用前面扣件式脚手架的连墙作法外，在悬挑式脚手架中，常采用在钢筋混凝土结构中预埋铁件，然后用 100mm×63mm×10mm 的角钢，一端与预埋件焊接，另一端与连接短管用螺栓连接，如图 3-52 所示。

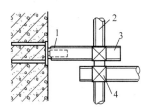

图 3-52　连墙杆做法
1—连接角钢；2—内排立杆；
3—连接短管；4—扣件

3）垂直控制。搭设脚手架时，要严格控制分段脚手架的垂直度，垂直度偏差：

第一段不得超过 1/400。

第二段、第三段不得超过 1/200。

脚手架的垂直度要随搭随检查，发现超过允许偏差时，应及时纠正。

4）脚手板铺设。脚手架的底层应满铺厚木脚手板，其上各层可满铺薄钢板冲压成的穿孔轻型脚手板。

5）安全防护措施。脚手架中各层均应设置护栏、踢脚板和扶梯。

脚手架外侧和单个架子的底面用小眼安全网封闭，架子与建筑物要保持必要的通道。

6）挑梁式悬挑脚手架立杆与挑梁（或纵梁）的连接，应在挑梁（或纵梁）上焊150～200mm 长钢管，其外径比脚手架立杆内径小 1.0～1.5mm，用接长扣件连接，同时在立杆下部设 1～2 道扫地杆，以确保架子的稳定。

7）悬挑梁与墙体结构的连接，应预先埋铁件或留好孔洞，保证连接可靠，不得随便打凿孔洞，破坏墙体。

8）斜拉杆（绳）应装有收紧装置，以便拉杆收紧后能承担荷载。

4 门式钢管脚手架

门式钢管脚手架也称门型脚手架，是指以门架、交叉支撑、连接棒、挂扣式脚手板、锁肩、底座等组成基本结构，再以水平加固杆、剪刀撑、扫地杆加固，并采用连墙件与建筑主体结构相连的一种定型化钢管脚手架，属于框组式钢管脚手架的一种。

门式钢管脚手架是在 20 世纪 80 年代初由国外引进的，现在已形成系列产品。该脚手架的优点是：结构合理，承载力高，品种齐全，各种配件多达 70 多种。可用来搭设各种用途的施工作业架子，如外脚手架、里脚手架、活动工作台、满堂脚手架、梁板模板的支撑和其他承重支撑架、临时看台和观礼台、临时仓库和工棚以及其他用途的作业架子。

门式钢管脚手架的搭设高度：当两层同时作业的施工总荷载不超过 3kN/m² 时，可以搭设 60m；当总荷载为 3~5kN/m² 时，则限制在 45m 以下。

门式钢管脚手架搭设依据《建筑施工门式钢管脚手架安全技术规范》JGJ 128—2010 及相关规范、规程。

4.1 门式钢管脚手架构配件

门式钢管脚手架是一种标准化钢管脚手架，绝大多数部件由工厂定型生产，使用其他部件难以替代。

4.1.1 主要构配件

门式钢管脚手架由门式框架（门架）、交叉支撑（十字拉杆）、连接棒、挂扣式脚手板或水平架（平行架、平架）、锁臂等组成基本结构，称为门式脚手架基本单元，如图 4-1 （a）所示。

由门式脚手架基本单元，在脚手架的垂直方向使用连接棒和锁臂将基本单位接高，在脚手架的纵向使用交叉支撑连接门架立杆，在脚手架的架顶水平面使用水平梁架或挂扣式脚手板；通过上述构造将这些基本单元相互连接，逐层叠高，左右伸展，再设置水平加固件、剪刀撑及连墙件等，便构成整体门式脚手架，如图 4-1 （b）所示。

门式钢管脚手架的其他构件，包括交叉支撑、水平架、挂扣式脚手板、底座与托撑，以及连接棒、锁臂等。

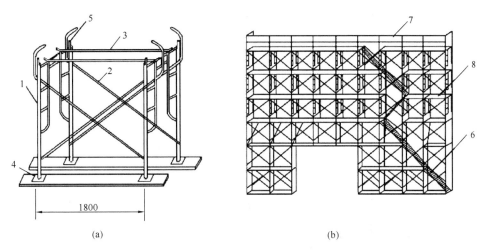

(a)　　　　　　　　　　　　(b)

图 4-1　门式钢管脚手架

（a）基本单元；（b）门式外脚手架

1—门式框架；2—剪刀撑；3—水平梁架；4—螺旋基脚；5—连接器；6—梯子；

7—栏杆；8—脚手板

1. 门式框架

门式钢管脚手架的门式框架（简称门架）主要由立杆、横杆及加强杆焊接组成，是门式钢管脚手架的主要构件。门架有多种不同型式，如图 4-2 所示，其中带"耳"形加强杆的型式已得到广泛应用，成为门架典型的型式，是构成脚手架的基本单元。

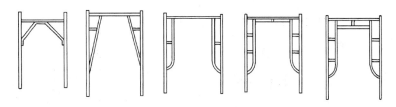

图 4-2　门架的型式

（1）标准型门架

典型的标准型门架的宽度为 1.219m，高度有 1.9m 和 1.7m 两种。门架的重量：当使用高强薄壁钢管时，为 13～16kg；使用普通钢管时，为 20～25kg。典型的标准型门架的几何尺寸及杆件规格见表 4-1。

（2）简易门架

简易门架的宽度较窄，用于窄脚手板。窄形门架的宽度只有 0.6m 或 0.8m，高度为 1.7m，如图 4-3（b）所示，主要用于装修、抹灰等轻作业。

典型的门架几何尺寸及杆件规格　　表 4-1

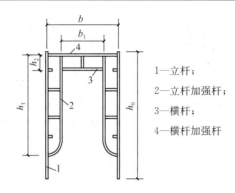

1—立杆；

2—立杆加强杆；

3—横杆；

4—横杆加强杆

门架代号		MF1219	
门架几何尺寸（mm）	h_2	80	100
	h_0	1930	1900
	b	1219	1200
	b_1	750	800
	h_1	1536	1550
杆件外径壁厚（mm）	1	$\phi42.0\times2.5$	$\phi48.0\times3.5$
	2	$\phi26.8\times2.5$	$\phi26.8\times2.5$
	3	$\phi42.0\times2.5$	$\phi48.0\times3.5$
	4	$\phi26.8\times2.5$	$\phi26.8\times2.5$

（3）调节门架

调节门架主要用于调节门架竖向高度，以适应作业层高度变化时的需要。调节门架的宽度和门架相同，高度有 1.5m、1.2m、0.9m、0.6m、0.4m 等几种，如图 4-4 所示。

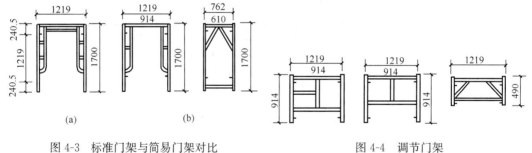

图 4-3　标准门架与简易门架对比

（a）标准门架；（b）简易门架

图 4-4　调节门架

（4）连接门架

连接门架是连接上、下宽度不同门架之间的过渡门架。上窄下宽或上宽下窄，并带有斜支杆的悬臂支撑部分，如图 4-5 所示。可以上部宽度与窄形门架相同，下部与标准门架相同；也可以相反。

（5）扶梯门架

扶梯门架可兼做施工人员上下的扶梯，如图 4-6 所示。

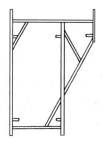　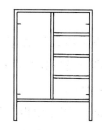

图 4-5　连接门架　　　　图 4-6　扶梯门架

2. 交叉支撑和水平架

交叉支撑和水平架的规格根据门架的间距来选择，一般多采用 1.8m 的间距。

交叉支撑是每两榀门架纵向连接的交叉拉杆。如图 4-7（a）所示，两根交叉杆件可绕中间连接螺栓转动，杆的两端有销孔。

水平架是在脚手架非作业层上代替脚手板而挂扣在门架横杆上的水平构件。水平架由横杆、短杆和搭钩焊接而成，可与门架横杆自锚连接，如图 4-7（b）所示。

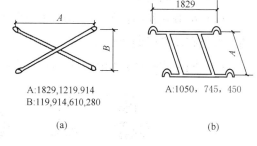

A:1829,1219.914
B:119,914,610,280

（a）

A:1050, 745, 450

（b）

图 4-7　交叉支撑和水平架

（a）交叉支撑；（b）水平架

3. 挂扣脚手板

挂扣式脚手板一般为钢制脚手板，其两端带有挂扣，搁置在门架的横梁上并扣紧，如图 4-8 所示。在这种脚手架中，脚手板还是加强脚手架水平刚度的主要构件，脚手架应每隔 3～5 层设置一层脚手板。

脚手板的面板厚度不应小于 1.2mm，并有防滑功能。搭钩厚度不应小于 7mm，板上孔洞内切圆应小于 25mm。

4. 斜梯

作业人员上下脚手架的斜梯通常采用挂扣式钢梯，分别扣挂在上下两层门架的横梁上，如图 4-9 所示。钢梯踏板的厚度不应小于 1.2mm，并有防滑功能，搭钩厚度不

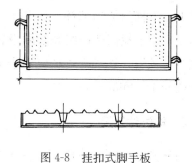

图 4-8　挂扣式脚手板　　　　图 4-9　钢斜梯结构形式

应小于 7mm。

5. 底座与托撑

底步门架的立杆下端应设置底座，底座分为可调式、固定式和脚轮式三种；模板支架顶步门架立杆上端应设置托撑，托撑分为可调式和固定式两种。

（1）可调式底座：如图 4-10（a）所示，由螺杆、调节扳手和底板等组成，底板的钢板厚度不得小于 6mm；用于模板支架时，可适应不同支模高度的需要，脱模时可以很方便将架子降下来；用于脚手架时，能适应不平地面，可将门架顶部调整到同一水平面。

（2）固定式底座：如图 4-10（b）所示，只起支撑作用，无调节高度的功能，使用时应当保持地面平整。

（3）脚轮式底座：如图 4-10（c）所示，多用于操作平台，以满足移动需要。

（4）可调式托撑：如图 4-10（d）所示，钢板厚度不得小于 5mm，置于门架竖杆上端，多带有丝杆以调节高度。

（5）固定式托撑：如图 4-10（e）所示，置于门架竖杆上端，无调节高度功能。

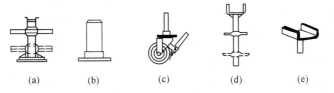

（a）　　　　（b）　　　　（c）　　　　（d）　　　　（e）

图 4-10　底座与托撑

（a）可调式底座；（b）固定式底座；（c）脚轮式底座；（d）可调式托撑；（e）固定式托撑

6. 扣件

扣件用于固定扫地杆、剪刀撑等，分为回转扣件、直角扣件和对接扣件 3 种类型，应采用锻铸铁或铸钢制作，规格一般有 $\phi42mm$、$\phi48mm$ 和 $\phi42/\phi48mm$，应与钢管规格匹配。

7. 连接棒与锁臂

连接棒与锁臂是用于在垂直方向连接上、下榀门架的部件，如图 4-11 所示。上、下榀门架的组装必须设置连接棒与锁臂，连接棒直径应当小于立杆内径 1～2mm。

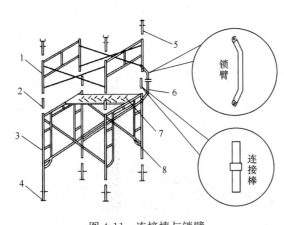

图 4-11　连接棒与锁臂

1—上架；2—连接棒；3—下架；4—可调底座；5—可调托撑；6—锁臂；7—脚手板；8—交叉支撑

4.1.2　构配件质量

门架及其配件的规格、性能和质

量应符合现行行业标准《建筑施工门式钢管脚手架安全技术规范》JGJ 128—2010 的规定。新购门架及配件应有出厂合格证明书与产品标志。

（1）材质

1）门架钢管材质与扣件式钢管材质相同。

2）水平加固杆、封口杆、扫地杆、剪刀撑及脚手架转角处连接杆等宜采用 $\phi42mm\times2.5mm$ 焊接钢管，也可采用 $\phi48.3mm\times3.6mm$ 焊接钢管，其材质在保证可焊性的条件下应符合《碳素结构钢》GB/T 700—2006 中 Q235A 钢的规定。

3）可调底座及可调托撑螺母应采用可锻铸铁或铸钢制造。底座抗压强度不小于 40kN。

（2）门式钢管脚手架的外观质量

1）钢管应平直，平直度允许偏差为管长的 1/500。

2）钢管两端面应平整，不得有斜口、毛口。

3）钢管表面应无裂纹、凹陷、锈蚀。

4）钢管不得接长使用。

5）水平架、钢梯及脚手板的搭钩应焊接或铆接牢固。

6）各杆件端头压扁部分不得出现裂纹，销钉孔、铆钉孔应采用钻孔，不得使用冲孔。

7）加工中不得产生因加工工艺造成的材料性能下降的现象。

（3）门式钢管脚手架的焊接质量

门式钢管脚手架各杆件之间焊接应采用手工电弧焊，在保证同等强度下也可采用其他方法。

1）立杆与横杆焊接，螺杆、插管与底板的焊接，均必须采用周围焊接。

2）焊缝高度不得小于 2mm，表面应平整、光滑，不得有漏焊、焊穿、裂纹和夹渣。

3）焊缝气孔直径不应大于 1.0mm，每条焊缝气孔数不得超过 2 个。

4）焊缝立体金属咬肉深度不得超过 0.5mm，长度总和不应超过焊缝长度的 1.0%。

（4）门式钢管脚手架的表面涂层质量

1）连接棒、锁臂、可调底座、可调托撑及脚手板、水平架和钢梯的搭钩应采用表面镀锌。

2）镀锌表面应光滑，在连接处不得有毛刺、滴瘤和多余结块。

3）门架和配件的不镀锌表面应刷涂或喷涂防锈漆 2 道、面漆 1 道，也可采用磷化烤漆。

4）油漆表面应均匀，无漏涂、流淌、脱皮、皱纹等缺陷。

（5）质量分类

在脚手架周转使用过程中，门架及配件质量需要进行检验，以确保其使用安全。

门架及配件质量可分为 A、B、C、D 四类，并应符合下列规定：

A 类：有轻微变形、损伤、锈蚀。经清除黏附砂浆和泥土等污物、除锈、重刷油漆等保养工作后可继续使用。

B 类：有一定程度变形或损伤（如弯曲、下凹），锈蚀轻微。应经矫正、平整、更换部件、修复、补焊、除锈、重刷油漆等修理保养后继续使用。

C 类：锈蚀较严重。应抽样进行荷载试验后确定能否使用；经试验确定可使用者，应按 B 类要求经修理保养后使用；不能使用者，则按 D 类处理。

D 类：有严重变形、损伤或锈蚀。不得修复，应报废处理。

（6）质量类别鉴别

1）质量类别鉴别标准：经直观检查挑出需要鉴别的构配件，按表 4-2～表 4-6 的标准进行质量鉴别。

门架配件质量分类　　　　　　　　　　表 4-2

部位及项目		A 类	B 类	C 类	D 类
立杆	弯曲（门架平面外）	≤4mm	>4mm	—	—
	裂纹	无	微小	—	有
	下凹	无	轻微	较严重	≥4mm
	壁厚	≥2.2mm	—	—	<2.2mm
	端面不平整	≤0.3mm	—	—	>0.3mm
	锁销损坏	无	损伤或脱落	—	—
	锁销间距	±1.5mm	>1.5mm <−1.5mm	—	—
	锈蚀	无或轻微	有	较严重（鱼鳞状）	深度≥0.3mm
	立杆（中—中）尺寸变形	±5mm	>5mm <−5mm	—	—
	下部堵塞	无或轻微	较严重	—	—
	立杆下部长度	≤400mm	>400mm	—	—
横杆	弯曲	无或轻微	严重	—	—
	裂纹	无	轻微	—	有
	下凹	无或轻微	≤3mm	—	>3mm
	锈蚀	无或轻微	有	较严重	严重
	壁厚	≥2mm	—	—	<2mm
加强杆	弯曲	无或轻微	有	—	—
	裂纹	无或轻微	有	—	—
	下凹	无或轻微	有	—	—
	锈蚀	无、轻微或较严重	严重	—	—
其他	焊接脱落	无	轻微缺陷	严重	—

交叉支撑质量分类 表 4-3

部位及项目	A 类	B 类	C 类	D 类
弯曲	≤3mm	>3mm	—	—
端部孔周裂纹	无	轻微	—	严重
下凹	无或轻微	有	—	严重
中部铆钉脱落	无	有	—	—
锈蚀	无或轻微	有	—	严重

连接棒质量分类 表 4-4

部位及项目	A 类	B 类	C 类	D 类
弯曲	无或轻微	有	—	严重
锈蚀	无或轻微	有	较严重	深度≥0.2mm
凸环脱落	无	轻微	—	—
凸环倾斜	≤0.3mm	>0.3mm	—	—

可调底座、可调托撑质量分类 表 4-5

部位及项目		A 类	B 类	C 类	D 类
螺杆	螺牙活损	无或轻微	有	—	严重
	弯曲	无	轻微	—	严重
	锈蚀	无或轻微	有	较严重	严重
扳手、螺母	扳手断裂	无	轻微	—	—
	螺母转动困难	无	轻微	—	严重
	锈蚀	无或轻微	有	较严重	严重
底板	翘曲	无或轻微	有	—	—
	与螺杆不垂直	无或轻微	有	—	—
	锈蚀	无或轻微	有	较严重	严重

脚手板质量分类 表 4-6

部位及项目		A 类	B 类	C 类	D 类
脚手板	裂纹	无	轻微	较严重	严重
	下凹	无或轻微	有	较严重	—
	锈蚀	无或轻微	有	较严重	深度≥0.2mm
	面板厚	≥1.0mm	—	—	<1.0mm
搭钩零件	裂纹	无	—	—	有
	锈蚀	无或轻微	有	较严重	深度≥0.2mm
	铆钉损坏	无	损伤、脱落	—	—
	弯曲	无	轻微	—	严重
	下凹	无	轻微	—	严重
	锁扣损坏	无	脱落、损伤	—	—

续表

部位及项目		A类	B类	C类	D类
其他	脱焊	无	轻微	—	严重
	整体变形、翘曲	无	轻微	—	严重

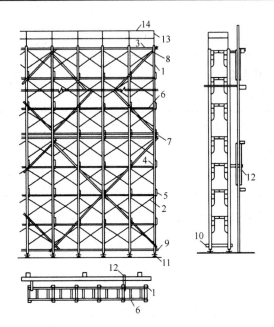

图 4-12　门式钢管脚手架的构造组成
1—门架；2—交叉支撑；3—脚手板；4—连接棒；5—锁臂；
6—水平架；7—水平加固杆；8—剪刀撑；9—扫地杆；10—封
口杆；11—底座；12—连墙件；13—栏杆；14—扶手

2）鉴别标准

A类：所列项目全部符合。

B类：所列项目有一项和一项以上符合，但不应有C类和D类中任一项。

C类：所列项目有一项和一项以上符合，但不应有D类中任一项。

D类：所列项目有任一项符合。

3）处理方法：A类进行维修保养；B类进行更换修理；C类经性能试验后确定；D类应报废处理。

4.2　门式钢管脚手架构造

门式钢管脚手架的构造组成，如图 4-12 所示；搭设高度不宜超过表 4-7 的规定。

门式钢管脚手架搭设高度　　　　　　　　表 4-7

序号	搭设方式	施工荷载标准值 $\sum Q_k(kN/m^2)$	搭设高度 (m)
1	落地、密目式安全网全封闭	≤3.0	≤55
2		>3.0且≤5.0	≤40
3	悬挑、密目式安全网全封闭	≤3.0	≤24
4		>3.0且≤5.0	≤18

4.2.1　地基基础

（1）搭设脚手架的场地必须平整坚实，应满足下列要求：

1）回填土场地必须分层回填，逐层夯实。

2）场地排水应顺畅，不应有积水。

3）搭设脚手架的地面标高宜高于自然地坪标高 50～100mm。

（2）落地式脚手架、满堂脚手架、模板支撑架的地基应当达到设计要求的承载力，地基土质和搭设高度应符合表4-8的规定。

门式钢管脚手架地基要求 表4-8

搭设高度（m）	地基土质		
	中低压缩性且压缩性均匀	回填土	高压缩性或压缩性不均匀
≤24	夯实原土，干重力密度要求15.5kN/m³，立杆底座置于面积不小于0.075m²的混凝土垫块或垫木上	土夹石或素土回填夯实，立杆底座置于面积不小于0.10m²混凝土垫块或垫木上	夯实原土，铺设通长槽钢或垫木
>24且≤40	混凝土垫块或垫木面积不小于0.1m²，其余同上	砂夹石回填夯实，其余同上	夯实原土，在搭设脚手架地面满铺C15混凝土，厚度不小于150mm
>40且≤55	混凝土垫块或垫木面积不小于0.15m²或铺通长槽钢或垫木，其余同上	砂夹石回填夯实，混凝土垫块或垫木面积不小于0.15m²，或铺通长槽钢或垫木	夯实原土，在搭设脚手架地面满铺C15混凝土，厚度不小于200mm

注：混凝土垫块厚度不小于200mm；垫木厚度不小于50mm，宽度不小于200mm；通长槽钢宽度不小于200mm；通长槽钢或垫木的长度不小于1500mm。

（3）在基础上弹出门架立杆位置线，放置垫板、底座。

（4）当脚手架搭设在结构楼面、悬挑结构上时，门架立杆下宜铺设垫板。

（5）当脚手架地基内有设备管道、管沟时，在脚手架使用过程中严禁开挖。

4.2.2 门架

（1）底步门架的立杆应当放置在底座上。

（2）门架应能配套使用，在不同组合情况下，均应保证连接方便、可靠，且应具有良好的互换性。

（3）不同型号的门架与配件严禁混合使用。

（4）门架跨距应与交叉支撑的规格配合。

（5）上、下榀门架立杆应在同一轴线位置上，轴线偏差不应大于2mm。

（6）脚手架门架内侧立杆离墙面净距不宜大于150mm，当大于150mm时应采取内挑架板或其他离口防护的安全措施。

（7）脚手架顶端宜高出女儿墙上端或檐口上端1.5m。

4.2.3 配件

门架的配件属于配套产品，不同产品的门架与零配件不得混合使用。

（1）门架的内外两侧均应设置交叉支撑与门架立杆上的锁销锁牢。

（2）上、下榀门架的组装必须设置连接棒，连接棒与门架立杆配合间隙不应大于2mm。

（3）上、下榀门架应设置锁臂，但采用插销式或弹销式连接棒时，可不设锁臂。

（4）操作层应连续满铺挂扣式脚手板，脚手板应当与门架的横梁扣紧，用滑动挡板锁牢。

（5）可调底座和可调托座的调节螺杆直径不应小于35mm，可调底座的调节螺杆伸出长度不应大于200mm。

（6）作业人员上下脚手架的斜梯应采用挂扣式钢梯，并宜采用"之"字形设置，一个梯段宜跨越两步或三步门架再转折；钢梯应设栏杆扶手。

4.2.4 连墙件

（1）脚手架必须采用连墙件与建筑物做到可靠连接。连墙件的构造形式如图4-13所示。

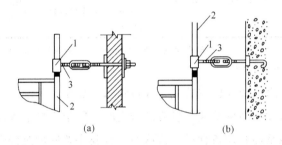

图 4-13 连墙件构造

（a）夹固式；（b）锚固式

1—专用扣件；2—立杆；3—接头螺钉

（2）连墙件的设置除应满足设计计算要求外，尚应满足表4-9的要求。

连墙件间距 表 4-9

序号	脚手架搭设方式	脚手架高度（m）	连墙件间距		每根连墙件覆盖面积（m²）
			竖向	水平向	
1	落地、密目式安全网全封闭	≤40	3h	3L	≤40
2			2h	3L	≤27
3		>40			
4	悬挑、密目式安全网全封闭	≤40	3h	3L	≤40
5		>40且≤60	2h	3L	≤27
6		>60	2h	2L	≤20

（3）在脚手架的转角处及开口型脚手架端部必须增设连墙件，连墙件的垂直间距不应大于建筑物的层高，且不应大于4.0m。

（4）在脚手架外侧因设置防护棚或安全网而承受偏心荷载的部位，应增设连墙件，其水平间距不应大于 4.0m。

（5）连墙件应能承受拉力与压力，其承载力标准值不应小于 10kN。

（6）连墙件与门架、建筑物的连接应具有相应的连接强度。

（7）连墙件应靠近门架的横梁设置，距门架横杆不宜大于 200mm。

（8）连墙件应固定在门架的立杆上。

（9）连墙件宜呈水平设置；当不能水平设置时，与脚手架连接的一端必须采用下斜连接，禁止采用上斜连接。连墙件的坡度宜小于 1∶3。

4.2.5　加固件

门式脚手架的加固件主要包括：剪刀撑和水平加固杆。图 4-14 所示为剪刀撑的设置示意图。

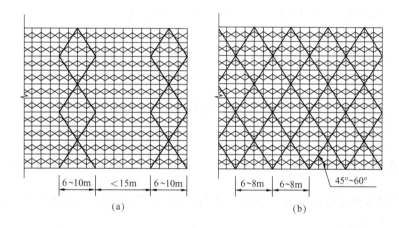

图 4-14　剪刀撑设置示意图
（a）脚手架搭设高度 24m 及以下时剪刀撑设置；（b）脚手架搭设高度超过
24m 时剪刀撑设置

（1）剪刀撑

1）当搭设高度在 24m 及以下时，在脚手架的转角处、两端及中间间隔不超过 15m 的外侧立面必须各设置一道竖向剪刀撑，并应由底至顶连续设置。

2）脚手架高度超过 24m 时，应在脚手架外侧连续设置剪刀撑；对于悬挑脚手架，在脚手架全外侧立面上必须设置连续剪刀撑。

3）剪刀撑斜杆与地面的倾角宜为 45°～60°。剪刀撑的宽度不应大于 6 个跨距，且不应大于 10m；也不应小于 4 个跨距，且不应小于 6m。设置连续剪刀撑的斜杆水平间距宜为 6～8m。

4）剪刀撑应采用扣件与门架立杆扣紧。

5）剪刀撑斜杆若采用搭接接长，搭接长度不宜小于 1000mm，搭接处应采用 3 个及以上旋转扣件扣紧。

（2）水平加固杆

脚手架应在门架内外侧立杆上设置水平加固杆，采用扣件与门架立杆扣牢，水平加固杆设置应符合下列规定：

1）在脚手架的顶层、连墙件设置层必须设置。

2）当脚手架每步铺设挂扣式脚手板时，至少每 4 步应设置 1 道，并应在连墙件的水平层设置。

3）当脚手架搭设高度 $H \leqslant 40m$ 时，至少每 2 步门架设置 1 道；当脚手架搭设高度 $H > 40m$ 时，应每步门架设置 1 道。

4）在脚手架的转角处、开口形脚手架端部及间断处的第一个跨距内，每步门架设置 1 道。

5）悬挑脚手架应在每步门架设置。

6）设置纵向水平加固杆应连续，并形成水平闭合圈。

（3）扫地杆

脚手架的底步门架下端应设置封口杆（横向扫地杆），在门架的内外两侧设置通长纵向扫地杆。

纵向扫地杆应用扣件固定在距底座上皮不大于 200mm 处的门架立杆上，封口杆宜固定在紧靠扫地杆下方的门架立杆上。

4.2.6 转角处门架连接

（1）在建筑物转角处的脚手架内、外两侧应按步设置水平连接杆，将转角处的两门架连成一体，如图 4-15 所示。

（2）水平连接杆应采用钢管，其规格应与水平加固杆相同。

（3）水平连接杆应采用扣件与门架立杆及水平加固杆扣紧。

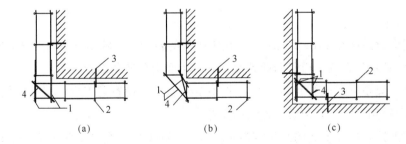

图 4-15　转角处脚手架连接

（a）阳角（一）；（b）阳角（二）；（c）阴角

1—连接钢管；2—门架；3—连墙件；4—斜撑杆

4.2.7　通道口

（1）通道洞口高不宜大于 2 个门架高，宽不宜大于 1 个门架跨距。

（2）通道洞口应按以下要求采取加固措施：

1）当洞口宽度为 1 个跨距时，应在脚手架洞口上方的内外侧设置水平加固杆，在洞口 2 个立杆上加斜撑杆，如图 4-16（a）所示。

2）当洞口宽为 2 个及 2 个以上跨距时，应在洞口上方设置经专门设计和制作的托架，并加强洞口两侧的门架立杆，如图 4-16（b）所示。

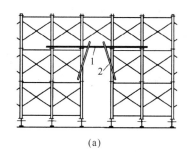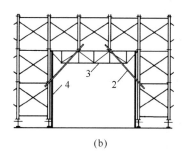

（a）　　　　　　　　　　　　　　　　（b）

图 4-16　通道洞口加固示意

（a）洞口宽度 1 个门跨距加固示意；（b）洞口宽度 2 个门跨距加固示意

1—水平加固杆；2—斜撑杆；3—托架梁；4—加强立杆

4.3　门式钢管脚手架搭设

4.3.1　准备工作

（1）脚手架、模板支撑架搭设前，项目工程技术负责人应向搭设和使用人员进行安全技术交底。

（2）严禁使用不合格的构配件及材料搭设。

（3）搭设场地应进行清理、平整，并做好排水。

（4）在基础上弹出门架立杆位置线，垫板、底座安放位置应准确。

（5）操作人员应佩戴安全帽、系安全带、穿防滑鞋。

4.3.2　构配件检查验收

在脚手架搭设前，应对门架、构配件、加固件及防护材料的性能和质量进行检验，履行验收手续，并应符合下列规定：

（1）应有产品质量合格证及产品标志。

（2）应有产品质量检验报告。

（3）门架钢管与配件表面应平直光滑，焊缝饱满，不应有裂缝、开焊、焊缝错位、硬弯、凹痕、毛刺、锁柱弯曲等缺陷。

（4）门架及配件应涂有防锈漆或镀锌保护。

（5）门架和配件的基本尺寸极限偏差以及力学性能应符合规定。

（6）周转使用的门架、配件，应进行分类检查；A类方可使用，B类、C类应经试验、维修达到A类后方可使用，不得使用D类门架和配件（见4.1.2 构配件质量）。

1）门架及配件每使用一个安装拆除周期应检查1次。

2）锈蚀深度检查时，应按规定抽取样品，在每个样品锈蚀严重的部位采用测厚仪或横向截断取样检查；当锈蚀深度超过规定值时，不得使用。

（7）水平加固杆、剪刀撑等钢管、扣件等应符合现行行业标准《建筑施工扣件式钢管脚手架安全技术规范》JGJ 130—2001的有关规定。

4.3.3 搭设程序

1. 搭设顺序

脚手架应沿建筑物周围连续、同步搭设升高，在建筑物周围形成封闭结构。脚手架的搭设应与施工进度同步，一次搭设高度不宜超过最上层连墙件2步，且自由高度不宜大于4m。

搭设的顺序：放线定位→铺放垫木（板）→拉线、放底座→自一端起立门架并随即装剪刀撑→装水平梁架（或脚手板）→装梯子→需要时，装设通长的纵向水平杆→装设连墙件→照上述步骤，逐层向上安装→装加强整体刚度的长剪刀撑→装设顶部栏杆。

门式钢管脚手架的搭设应自一端向另一端延伸，并逐层改变搭设方向，自下而上按步架设，如图4-17所示。每搭设完2步，应当检查并调整其水平度与垂直度，减少误差积累。

脚手架不得自两端相向搭设或相间进行，如图4-18（a）所示；或自一端和中间处同时相同方向搭设，如图4-18（b）所示，以避免结合处错位，难于连接；也不得自一

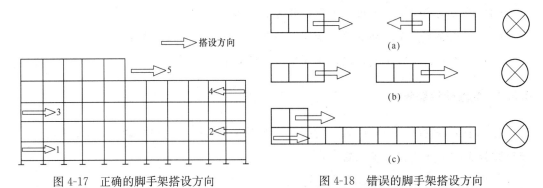

图 4-17 正确的脚手架搭设方向　　　　　　图 4-18 错误的脚手架搭设方向

端上、下两步同时向一个方向搭设，如图 4-18（c）所示。

2. 门架与配件的搭设

（1）不配套的不得混合使用于同一脚手架。

（2）交叉支撑、水平架或脚手板应紧随门架的安装及时设置。

（3）连接门架与配件的锁臂、搭钩必须处于锁住状态。

（4）水平架或脚手板应在同一步内连续设置，脚手板应满铺。

（5）底层钢梯的底部应加设钢管并用扣件扣紧在门架的立杆上，钢梯的两侧均应设置扶手，每段钢梯可跨越 2 步或 3 步门架再行转折。

（6）栏板（杆）、挡脚板应设置在脚手架操作层外侧、门架立杆的内侧；栏杆高度应为 1.2m，挡脚板高度不应小于 180mm。挡脚板和栏杆均应设置在门架立杆的内侧。

3. 加固杆、剪刀撑的搭设

（1）加固杆、剪刀撑必须与脚手架同步搭设。

（2）水平加固杆应设于门架立杆内侧，剪刀撑应设于门架立杆外侧并连接牢固。

4. 连墙件搭设要求

（1）连墙件的搭设必须随脚手架搭设同步进行，严禁滞后设置或搭设完毕后补做。

（2）当脚手架操作层高出相邻连墙件以上 2 步时，应采用确保脚手架稳定的临时拉结措施，直到连墙件搭设完毕后方可拆除。

（3）连墙件宜垂直于墙面，不得向上倾斜，连墙件埋入墙身的部分必须锚固可靠。

（4）连墙件应连于上、下榀门架的接头附近。

（5）当脚手架不能沿建筑物周围形成封闭结构时，在脚手架两端应增设连墙件。

5. 加固件、连墙件等与门架的连接

加固件、连墙件等与门架通常采用扣件连接。扣件连接应符合下列规定：

（1）扣件规格应与所连接钢管外径相匹配。

（2）扣件螺栓拧紧扭力矩应为 40～65N·m。

（3）各杆件端头伸出扣件盖板边缘长度不应小于 100mm。

4.3.4 检查验收

脚手架搭设完毕或分段搭设完毕，应对脚手架工程的质量进行检查，经检查合格后方可交付使用。

（1）验收时应具备下列技术资料：

1）门式钢管脚手架安全专项施工方案及组装图。

2）脚手架构配件的出厂合格证或质量分类合格标志。

3）脚手架工程的施工记录及质量检查记录。

4）脚手架搭设过程中出现的重要问题及处理记录。

5）脚手架工程的施工验收报告。

（2）现场检查验收包括以下主要内容：

1）构配件和加固件是否齐全，质量是否合格，连接和挂扣是否紧固可靠。

2）安全网的张挂及扶手的设置是否齐全。

3）基础是否平整坚实、支垫是否符合规定。

4）连墙件的数量、位置和设置是否符合要求。

5）垂直度及水平度是否合格。

（3）脚手架搭设尺寸允许偏差应符合表 4-10 的要求：

门式钢管脚手架搭设技术要求、允许偏差及检验方法 表 4-10

项次	项　目		技术要求	允许偏差（mm）	检验方法
1	隐蔽工程	地基承载力	符合门架立杆地基承载力验算	—	观察、施工记录检查
		预埋件	符合设计要求	—	
2	地基与基础	表面	坚实平整		观察
		排水	不积水		
		垫板	稳固		
		底座	不晃动		
			无沉降	—	
			调节螺杆高度符合规定	≤200	钢直尺检查
		纵向轴线位置	—	±20	尺量检查
		横向轴线位置	—	±10	
3	架体构造		符合专项施工方案的要求	—	观察尺量检查
4	门架安装	门架立杆与底座轴线偏差	—	≤2.0	尺量检查
		上下榀门架立杆轴线偏差	—		
5	垂直度	每步架	—	步距/500、±3.0	经纬仪或线坠、钢直尺检查
		整体	—	步距/500、±5.0	
6	水平度	一跨距内两榀门架高差	—	±5.0	水准仪水准尺钢直尺检查
		整体	—	±100	
7	连墙件	与架体、建筑结构连接	牢固	—	观察、扭矩测力扳手检查
		纵横向间距	—	±300	尺量检查
		与门架横杆距离	—	≤200	

续表

项次	项 目		技术要求	允许偏差（mm）	检验方法
8	剪刀撑	间距	按设计要求设置	±300	尺量检查
		与地面的倾角	45°～60°	—	角尺、尺量检查
9	水平加固杆		按设计要求设置	—	观察、尺量检查
10	脚手板		铺设严密、牢固	孔洞≤25	观察、尺量检查
11	悬挑支撑结构	型钢规格	符合设计要求	—	观察、尺量检查
		安装位置		±3.0	
12	施工层防护栏杆、挡脚板		按设计要求设置	—	观察、尺量检查
13	安全网		按规定设置	—	观察
14	扣件拧紧力矩		40～65N·m	—	扭矩测力扳手检查

（4）在使用过程中应进行日常检查，发现问题应及时处理。检查项目包括：

1）加固杆、连墙件应无松动，架体应无明显变形。

2）地基应无积水，垫板及底座应无松动，门架立杆应无悬空。

3）锁臂、挂扣件、扣件螺栓应无松动。

4）安全防护设施应符合本规范要求。

5）应无超载使用。

（5）在使用过程中遇有以下情况时，应进行检查，确认安全后方可继续使用：

1）遇有8级以上大风或大雨过后。

2）冻结的地基土解冻后。

3）停用超过1个月。

4）架体遭受外力撞击等作用。

5）架体部分拆除。

6）其他特殊情况。

4.4　门式钢管脚手架拆除

4.4.1　准备工作

门式钢管脚手架拆除的准备工作和安全防护措施同扣件式钢管脚手架，参照本书第3.4节执行。

4.4.2　门式钢管脚手架拆除

脚手架经单位工程负责人检查验证并确认不再需要时，方可拆除，并由单位工程负责人进行拆除安全技术交底。

拆除脚手架时，应设置警戒区和警戒标志，并由专职人员负责警戒。

门式钢管脚手架的拆除，应在统一指挥下进行。按后装先拆、先装后拆的顺序，自上而下逐层拆除，每一层从一端的边跨开始拆向另一端的边跨，先拆扶手和栏杆，然后拆脚手架或水平架、扶梯，再拆水平加固杆，剪刀撑，接着拆除交叉支撑，顶部的连墙件，同时拆卸门架。

脚手架拆除注意事项：

（1）脚手架同一步（层）的构配件和加固件应按先上后下，先外后内的顺序进行拆除，最后拆连墙件和门架。

（2）在拆除过程中，脚手架的自由悬臂高度不得超过 2 步，当必须超过 2 步时，应加设临时拉结。

（3）连墙杆、通长水平杆、剪刀撑等必须在脚手架拆卸到相关的门架时方可拆除，严禁先拆。

（4）工人必须站在临时设置的脚手板上进行拆卸作业，并按规定使用安全防护用品。

（5）拆卸连接部件时，应将锁座上的锁板、卡钩上的锁片旋转至开启位置，然后开始拆除，不得硬拉，严禁敲击。

（6）拆除工作中，严禁使用榔头等硬物击打、撬挖，拆下的连接棒应放入袋内，锁臂应先传递至地面并放室内堆存。

（7）拆下的门架、钢管与配件，应成捆用机械吊运或由井架传送至地面，防止碰撞，严禁抛掷。

4.4.3 脚手架材料的整修、保养

拆下的门架及配件，应清除杆件及螺纹上的沾污物，并及时分类、检验、整修和保养，按品种、规格、分类整理存放，妥善保管。

5 碗扣式钢管脚手架

碗扣式钢管脚手架，又称多功能碗扣型脚手架，是采用定型钢管杆件和碗扣接头连接的一种承插锁固式多立杆脚手架，是我国科技人员在 20 世纪 80 年代中期根据国外的经验开发出来的一种新型多功能脚手架。该脚手架的优点是：结构简单、轴向连接，力学性能好、承载力大、接头构造合理、工作安全可靠、拆装方便、高效、操作简便容易、构件自重轻、作业强度低、零部件少、损耗率低、便于管理、易于运输、适用性强等。

碗扣式钢管脚手架在我国近年来发展较快，现已广泛用于房屋、桥梁、涵洞、隧道、烟囱、水塔、大坝、大跨度网架结构等多种工程施工中，取得了显著的经济效益。

碗扣式钢管脚手架在操作上免去了工人拧紧螺栓的过程，它的节点是由杆件上的扣件通过旋转、承插、长扣啮合完成的，只要安装到位就能达到节点连接目的。与扣件式脚手架相比，扣件式脚手架的节点扣件主要靠人工拧螺栓，其紧固程度靠工人用力的感觉来实现；而碗扣式的节点克服了人为的感觉因素，更能保障脚手架作为一种临时结构的安全性。

碗扣式钢管脚手架搭设依据《建筑施工碗扣式钢管脚手架安全技术规范》JGJ 166—2016 及相关规范、规程。

5.1 碗扣式钢管脚手架杆配件

碗扣式钢管脚手架采用带齿碗扣接头连接各种杆件。主要杆配件有钢管立杆、水平杆、间水平杆、专用外斜杆、专用斜杆、窄挑梁、宽挑梁、立杆连接销、可调底座、可调托撑和脚手板等。通常将碗扣式钢管脚手架的杆配件按其用途分为主构件、辅助构件和专用构件三类。

碗扣式钢管脚手架的基本构造和搭设要求与扣件式钢管脚手架类似，不同之处主要在于碗扣接头。碗扣接头是该脚手架系统的核心部件，它由上碗扣、下碗扣、横杆接头和上碗扣的限位销等组成，如图 5-1（a）所示。

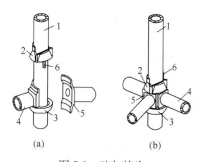

(a)　　　　　　(b)

图 5-1　碗扣接头

（a）连接前；（b）连接后

1—立杆；2—上碗扣；3—下碗扣；4—横杆；5—横杆接头；6—限位销（焊接在立杆上能锁紧上碗扣的定位销）

立杆上每隔0.6m安装一套碗口接头，并在其顶端焊接立杆连接管。下碗扣和限位销焊在立杆上，上碗口对应地套在钢管上，其销槽对准限位销后即能上、下滑动。

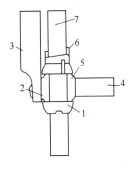

图5-2 斜杆节点构造
1—下碗扣；2—斜杆接头；3—斜杆；4—横杆；5—横杆接头；6—限位销；7—立杆

横杆是在钢管的两端各焊接一个横杆接头而成。

脚手架安装连接时，只需将横杆接头插入立杆上的下碗扣圆槽内，再将上碗扣沿限位销扣下，并顺时针旋转，靠上碗扣螺旋面使之与限位销顶紧（可使用锤子敲击几下即可达到扣紧要求），从而将横杆与立杆牢固地连在一起，形成框架结构，如图5-1（b）所示。

碗扣接头可同时连接四根横杆，并且横杆可以互相垂直，也可以倾斜一定的角度。

斜杆是在钢管的两端铆接斜杆接头而成，同横杆接头一样可装在下碗扣内，形成斜杆节点。斜杆可绕斜杆接头转动，如图5-2所示。

5.1.1 主构件

主构件是指构成碗扣式钢管脚手架主体的杆配件，包括：立杆、顶杆、水平杆（横杆）、单排水平杆（单排横杆）、斜杆和底座等。

（1）立杆

立杆是脚手架的主要受力杆件，由一定长度的 ϕ48.3mm×3.5mm、Q235钢管上每隔0.6m装一套碗扣接头，并在其顶端焊接立杆连接管制成。

（2）顶杆（顶部立杆）

顶端设有立杆连接管，便于在顶端插入托撑或可调托撑等，有2.1m、1.5m、0.9m三种规格。主要用于支撑架、支撑柱、物料提升架等的顶部。因其顶部有内销管，无法插入托撑，有的模板支撑架，将立杆的内销管改为下套管，取消了顶杆，实现了立杆和顶杆的统一，使用效果很好，改进后立杆规格为1.2m、1.8m、2.4m、3.0m等多种规格。两种立杆的基本结构如图5-3所示。

（3）水平杆（横杆）

组成框架的横向连接杆件，由一定长度的 ϕ48.3mm×3.5mm、Q235钢管两端焊接横杆接头制成。有2.4m、1.8m、1.5m、1.2m、0.9m、0.6m、0.3m等七种规格。

为适应模板早拆支撑的要求（模数为300mm的两个早拆模板间一般留50mm宽迟拆条），增加了规格为950mm、

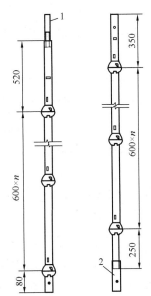

图5-3 两种立杆的基本结构

1250mm、1550mm、1850mm 的水平杆。

（4）单排水平杆（单排横杆）

主要用作单排脚手架的横向水平横杆，只在 ϕ48.3mm×3.5mm、Q235 钢管一端焊接横杆接头，有 1.4m、1.8m 两种规格。

（5）斜杆

斜杆是为增强脚手架的稳定性而设计的系列构件，在 ϕ48.3mm×3.5mm、Q235 钢管两端铆接斜杆接头制成。斜杆接头可转动，同水平杆接头一样可装在下碗扣内，形成节点斜杆。有 1.50m、1.70m、2.16m、2.34m、2.55m 等五种规格，分别适用于 1.2m×1.2m、1.2m×1.8m、1.5m×1.8m、1.8m×1.8、1.8m×2.4m 五种框架平面。

常用杆件的种类、规格及理论质量见表 5-1。

杆件种类、规格及质量

表 5-1

名　称	常用型号	规格（mm）	材质	理论质量（kg）
立　杆	LG-A-120	ϕ48.3×3.5×1200	Q235	7.05
	LG-A-180	ϕ48.3×3.5×1800	Q235	10.19
	LG-A-240	ϕ48.3×3.5×2400	Q235	13.34
	LG-A-300	ϕ48.3×3.5×3000	Q235	16.48
	LG-B-80	ϕ48.3×3.5×800	Q345	4.30
	LG-B-100	ϕ48.3×3.5×1000	Q345	5.50
	LG-B-130	ϕ48.3×3.5×1300	Q345	6.90
	LG-B-150	ϕ48.3×3.5×1500	Q345	8.10
	LG-B-180	ϕ48.3×3.5×1800	Q345	9.30
	LG-B-200	ϕ48.3×3.5×2000	Q345	10.50
	LG-B-230	ϕ48.3×3.5×2300	Q345	11.80
	LG-B-250	ϕ48.3×3.5×2500	Q345	13.40
	LG-B-280	ϕ48.3×3.5×2800	Q345	15.40
	LG-B-300	ϕ48.3×3.5×3000	Q345	17.60
水平杆	SPG-30	ϕ48.3×3.5×300	Q235	1.32
	SPG-60	ϕ48.3×3.5×600	Q235	2.47
	SPG-90	ϕ48.3×3.5×900	Q235	3.69
	SPG-120	ϕ48.3×3.5×1200	Q235	4.84
	SPG-150	ϕ48.3×3.5×1500	Q235	5.93
	SPG-180	ϕ48.3×3.5×1800	Q235	7.14
间水平杆	JSPG-90	ϕ48.3×3.5×900	Q235	4.37
	JSPG-120	ϕ48.3×3.5×1200	Q235	5.52
	JSPG-120+30	ϕ48.3×3.5×（1200+300）用于窄挑梁	Q235	6.85
	JSPG-120+60	ϕ48.3×3.5×（1200+600）用于宽挑梁	Q235	8.16

续表

名　称	常用型号	规格（mm）	材质	理论质量（kg）
	WXG-0912	φ48.3×3.5×1500	Q235	6.33
	WXG-1212	φ48.3×3.5×1700	Q235	7.03
专用外斜杆	WXG-1218	φ48.3×3.5×2160	Q235	8.66
	WXG-1518	φ48.3×3.5×2340	Q235	9.30
	WXG-1818	φ48.3×3.5×2550	Q235	10.04

（6）底座

底座是安装在立杆根部防止其下沉，并将上部荷载分散传递给地基基础的构件，有以下三种：

1）垫座。只有一种规格，由150mm×150mm×8mm钢板和中心焊接连接杆制成，立杆可直接插在上面，高度不可调。

2）立杆可调座。由150mm×150mm×8mm钢板和中心焊接螺杆并配手柄螺母制成，按可调范围立杆可调座划分为0.30m、0.45m和0.60m三种规格，见表5-2。

可调底座种类、规格与质量 表5-2

名称	常用型号	规格（mm）	材质	理论质量（kg）
	KTZ-45	T38×5.0，可调范围≤300	Q235	5.82
可调底座	KTZ-60	T38×5.0，可调范围≤450	Q235	7.12
	KTZ-75	T38×5.0，可调范围≤600	Q235	8.50

3）立杆粗细调座。基本上同立杆可调座，只是可调方式不同，由150mm×150mm×8mm钢板、立杆管、螺管、手柄螺母等制成，只有可调范围为0.60m一种规格。

5.1.2　辅助构件

辅助构件主要是指用于作业面及附壁拉结等的杆部件。按其用途又可分成三类。

（1）用于作业面的辅助构件

1）间水平杆。为满足其他普通钢脚手板和木脚手板的需要而设计的构件，由φ48.3mm×3.5mm、Q235铜管两端焊接"∩"形钢板制成，可搭设于主架水平杆之间的任意部位，用以减小支承间距或支撑挑头脚手板。有0.9m、1.2m、(1.2+0.3)m和(1.2+0.6)m四种规格，见表5-1。

2）脚手板。配套设计的脚手板由2mm厚钢板制成，宽度为270mm，其面板上冲有防滑孔，两端焊有挂钩可牢靠地挂在水平杆上，不会滑动。有1.2m、1.5m、1.8m和2.4m四种规格。

3）斜道板。用于搭设车辆及行人栈道，只有一种规格，坡度为1：3，由2mm厚钢板制成，宽度为540mm，长度为1897mm，上面焊有防滑条。

4）挡脚板。挡脚板可设在作业层外侧边缘相邻两立杆间，以防止作业人员踏出脚手架。用 2mm 厚钢板制成，有 1.2m、1.5m、1.8m 三种规格。

5）挑梁。为扩展作业平台而设计的构件，有窄挑梁和宽挑梁两种。

窄挑梁由一端焊有水平杆接头的钢管制成，悬挑宽度为 0.3m，可在需要位置与碗扣接头连接。

宽挑梁由水平杆、斜杆、垂直杆组成，悬挑宽度为 0.6m，也是用碗扣接头同脚手架连成一整体，其外侧垂直杆上可再接立杆。

6）架梯。用于作业人员上下脚手架通道，由钢踏步板焊在槽钢上制成，两端有挂钩，可牢固地挂在横杆上。有一种规格（JT-255），其长度为 2546mm，宽度为 540mm，可在 1.8m×1.8m 框架内架设。普通 1.2m 廊道宽的脚手架刚好装两组，可成折线上升，并可用斜杆、水平杆作栏杆扶手。

（2）用于连接的辅助构件

1）立杆连接销。立杆之间连接的销定构件，为弹簧钢销扣结构，由 ϕ10mm 钢筋制成，有一种规格（LLX）。

2）直角撑。为连接两交叉的脚手架而设计的构件，由 ϕ48.3mm×3.5mm、Q235 钢管一端焊接水平杆接头，另一端焊接"∩"形卡制成，有一种规格（ZJC）。

3）连墙撑。连墙撑是使脚手架与建筑物的墙体结构等牢固连接，加强脚手架抵御风荷载及其他水平荷载的能力，防止脚手架倒塌且增强稳定承载力的构件。为便于施工，分别设计了碗扣式连墙撑和扣件式连墙撑两种形式。碗扣式连墙撑可直接用碗扣接头同脚手架连在一起，受力性能好；扣件式连墙撑是用钢管和扣件同脚手架相连，位置可随意设置，不受碗扣接头位置的限制，使用方便。

4）高层卸荷拉结杆。高层脚手架卸荷专用构件由预埋件、拉杆、索具螺旋扣、管卡等组成。拉结杆的一端用预埋件固定在建筑物上，另一端用管卡同脚手架立杆连接，通过调节中间的索具螺旋扣，把脚手架吊在建筑物上，达到卸荷目的。

（3）其他用途辅助构件

1）立杆托撑。插入顶杆上端，用作支撑架顶托，以支撑横梁等承载物。由 U 形钢板焊接连接管制成，有一种规格（LTC）。

2）立杆可调托撑。作用同立杆托撑，只是长度可调，有可调范围分别为 0.30m、0.45m 和 0.60m 的三种规格，见表 5-3。

可调托撑种类、规格与质量　　　　　　　　　　　　　表 5-3

名称	常用型号	规格（mm）	材质	理论质量（kg）
可调托撑	KTC-45	T38×5.0，可调范围≤300	Q235	7.01
	KTC-60	T38×5.0，可调范围≤450	Q235	8.31
	KTC-75	T38×5.0，可调范围≤600	Q235	9.69

3）横托撑。用作重载支撑架横向限位，或墙模板的侧向支撑构件。由 $\phi48.3mm \times 3.5mm$、Q235 钢管焊接水平杆接头，并装配托撑组成，可直接用碗扣接头同支撑架连在一起，有一种规格（HTC），长度为 400mm。也可根据需要加工。

4）可调横托撑。把横托撑中的托撑换成可调托撑（或可调底座）即成可调横托撑，可调范围为 0～300mm，有一种规格（KHC-30）。

5）安全网支架。固定于脚手架上，用以绑扎安全网的构件。由拉杆和撑杆组成，可直接用碗扣接头连接固定。有一种规格（AWJ）。

5.1.3 专用构件

专用构件主要是指用作专门用途的构件，共有 4 类，6 种规格。

（1）支撑柱专用构件

由 0.3m 长水平杆和立杆、顶杆连接可组成的支撑柱，可作为承重构杆单独使用或组成支撑柱群。为此，设计了支撑柱垫座、支撑柱转角座和支撑柱可调座等专用构件。

1）支撑柱垫座。安装于支撑柱底部，均匀传递其荷载的垫座。由底板、筋板和焊于底板上的四个柱销制成，可同时插入支撑柱的四个立杆内，从而增强支撑柱的整体受力性能。有一种规格（ZDZ）。

2）支撑柱转角座。作用同支撑柱垫座，但可以转动，使支撑柱不仅可用作垂直方向支撑，而且可以用作斜向支撑，其可调偏角为 $\pm10°$。有一种规格（ZZZ）。

3）支撑柱可调座。对支撑柱底部和顶部均适用，安装于底部，作用同支撑柱垫座，但高度可调，可调范围为 0～300mm；安装于顶部即为可调托撑，同立杆可调托撑，不同的是它作为一个构件需要同时插入支撑柱 4 根立杆内，使支撑柱成为一体。

（2）提升滑轮

为提升小物料而设计的构件，与宽挑梁配套使用。由吊柱，吊架和滑轮等组成，其中吊柱可直接插入宽挑梁的垂直杆中固定。有一种规格（THL）。

（3）悬挑架

为悬挑脚手架专门设计的一种构件，由挑杆和撑杆等组成。挑杆和撑杆用碗扣接头固定在楼内支承架上，可直接从楼内挑出。在其上搭设脚手架，不需要埋设预埋件，挑出脚手架宽度设计为 0.9m。有一种规格（TYJ-140）。

（4）爬升挑梁

为爬升脚手架而设计的一种专用构件，可用它作依托，在其上搭设悬空脚手架，并随建筑物升高而爬升。由 $\phi48.3mm \times 3.5mm$ 钢管、挂销、可调底座等组成，宽度为 0.9m。有一种规格（PTL-90+65）。

5.1.4 杆配件材料的质置要求

碗扣式钢管脚手架的杆件均采用 Q235A 钢制作的 $\phi48.3mm$ 钢管，在立杆上每隔

600mm 安装一套碗扣接头，下碗扣焊在钢管上，上碗扣套在钢管上。横杆和斜杆两端的接头等均采用焊接工艺，因此对杆件及配件的质量要求应满足以下要求：

（1）杆件的钢管应无裂缝、凹陷、锈蚀现象。

（2）焊接质量要求焊缝饱满，没有咬肉、夹渣、裂纹等。

（3）立杆最大弯曲变形小于 1/500，横杆、斜杆的最大变形小于 1/250。

（4）可调配件的螺纹部分应完好、无滑丝、无严重锈蚀，焊缝无脱开等。

（5）脚手板、斜脚手板以及梯子等构件的挂钩及面板应无裂纹，无明显变形，焊接应牢固。

（6）碗扣式钢管脚手架其他材料的质量要求同扣件式钢管脚手架。

5.2 碗扣式钢管脚手架构造

5.2.1 脚手架搭设高度

碗扣式双排钢管脚手架的搭设高度不宜超过 50m；当搭设高度超过 50m 时，应采取分段搭设等措施。

脚手架的允许搭设高度与连墙杆设置有关，当设置二层装修作业层、二层作业脚手板、外挂密目安全网封闭时，常用双排脚手架结构的设计尺寸和架体允许搭设高度宜符合表 5-4 的规定。

双排落地脚手架允许搭设高度　　　　　　　　表 5-4

连墙杆设置	步距 h（m）	横距 l_b（m）	纵距 l_a（m）	脚手架允许搭设高度（m）		
				基本风压 ω_0（kN/m²）		
				0.4	0.5	0.6
二步三跨	1.8	0.9	1.5	48	40	34
		1.2	1.2	50	44	40
	2.0	0.9	1.5	50	45	42
		1.2	1.2	50	45	42
三步三跨	1.8	0.9	1.2	30	23	18
		1.2	1.2	26	21	17

注：表中架体允许搭设高度的取值基于下列条件：

1. 计算风压高度变化系数时，按地面粗糙度为 C 类采用。

2. 装修作业层施工荷载标准值按 2.0kN/m² 采用，脚手板自重标准值按 0.35kN/m² 采用。

3. 作业层横向水平杆间距按不大于立杆纵距的 1/2 设置。

4. 当基本风压值、地面粗糙度、架体设计尺寸和脚手架用途及作业层数与上述条件不相符时，架体允许搭设高度应另行计算确定。

5.2.2 杆件与碗扣

（1）双排脚手架首层立杆应采用不同的长度交错布置，底层纵、横向横杆作为扫地杆距地面高度应小于或等于350mm，严禁在施工中拆除扫地杆，脚手架立杆应配置可调底座或固定底座，如图5-4所示为首层立杆布置示意图。

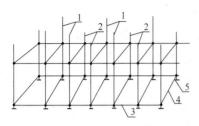

图 5-4　首层立杆布置示意图

1—第一种型号立杆；2—第二种型号立杆；

3—纵向扫地杆；4—横向扫地杆；

5—立杆底座

（2）脚手架内立杆与建筑物距离应小于或等于150mm，当脚手架内立杆与建筑物距离大于150mm时，应按需要分别选用窄挑梁或宽挑梁设置作业平台。挑梁应单层挑出，严禁增加层数。

（3）组装时，将上碗扣的缺口对准限位销后，把横杆接头插入下碗扣内，压紧和旋转上碗扣，利用限位销固定上碗扣。碗扣接头可同时连接4根横杆，可以互相垂直或偏转一定角度。

5.2.3 连墙件

连墙件是脚手架与建筑物之间的连接件，除可防止脚手架倾倒、承受偏心荷载和水平荷载外，还可以加强约束、提高脚手架的稳定性和承载能力。

（1）连墙件应水平设置，当不能水平设置时，与脚手架连接的一端应下斜连接。

（2）每层连墙件应在同一平面，其位置应由建筑结构和风荷载计算确定，且水平间距不应大于4.5m。

（3）连墙件应设置在有横向横杆的碗扣节点处，当采用钢管扣件做连墙件时，连墙件应与立杆连接，连接点距碗扣节点距离不应大于150mm。

（4）连墙件应采用可承受拉、压荷载的刚性结构，连接应牢固可靠。

5.2.4 斜撑

碗扣式钢管脚手架的斜撑分为：竖向斜撑和水平斜撑。通过设置斜撑以增强脚手架结构的整体刚度，提高其稳定性和承载力。斜撑设置方法通常有两种：专用斜杆设置或扣件式钢管斜杆设置。

（1）专用外斜杆设置

如图5-5所示，双排脚手架专用外斜杆的设置应符合下列规定：

1）斜杆应设置在有纵、横向横杆的碗扣节点上。

2）在封圈的脚手架拐角处及"一"字形脚手架端部应设置竖向通高斜杆。

3）当脚手架高度小于或等于24m时，每隔5跨应设置1组竖向通高斜杆；当脚手架高度大于24m时，每隔3跨应设置1组竖向通高斜杆；斜杆应对称"八"字形布置。

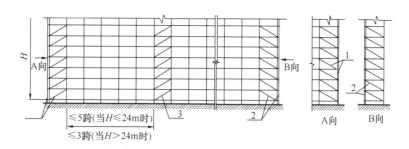

图 5-5 双排脚手架斜撑杆设置示意

1—拐角竖向斜撑杆；2—端部竖向斜撑杆；3—中间竖向斜撑杆

4）当斜杆临时拆除时，拆除前应在相邻立杆间设置相同数量的斜杆。

（2）钢管扣件式斜杆设置

当采用钢管扣件做斜杆时应符合下列规定：

1）斜杆应每步与立杆扣接，扣接点距碗扣节点的距离不应大于 150mm；当出现不能与立杆扣接时，应与横杆扣接。

2）纵向斜杆应在全高方向设置成"八"字形且内外对称，斜杆间距不应大于 2 跨，如图 5-6 所示。

3）扣件扭紧力矩应为 40～65N·m。

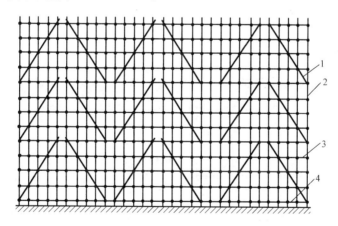

图 5-6 纵向斜杆的设置

1—纵向斜杆；2—立杆；3—水平杆；4—扫地杆

（3）钢管扣件剪刀撑

当采用钢管扣件剪刀撑代替竖向斜撑杆时（如图 5-7 所示），剪刀撑设置应符合下列规定：

1）当架体搭设高度在 24m 以下时，应在架体两端、转角及中间间隔不超过 15m，各设置一道竖向剪刀撑，如图 5-7（a）所示；当架体搭设高度在 24m 及以上时，应在架体外侧全立面连续设置竖向剪刀撑，如图 5-7（b）所示。

2）每道剪刀撑的宽度应为 4～6 跨，且不应小于 6m，也不应大于 9m。

3）每道竖向剪刀撑应由底至顶连续设置。

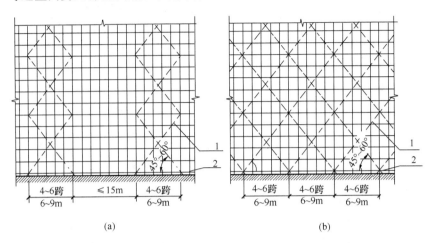

（a） （b）

图 5-7 双排脚手架剪刀撑设置

（a）不连续剪刀撑设置；（b）连续剪力撑设置

1—竖向剪刀撑；2—扫地杆

（4）当脚手架高度大于 24m 时，顶部 24m 以下所有的连墙件层必须设置水平斜杆，水平斜杆应设置在纵向横杆之下，如图 5-8 所示。

5.2.5 脚手架转角

当双排脚手架转角为直角时，宜采用横杆直接组架，如图 5-9（a）所示；当双排脚手架转角为非直角时，可采用钢管扣件组架，如图 5-9（b）所示。

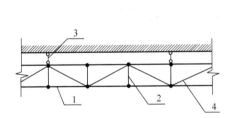

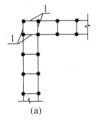

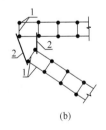

图 5-8 水平斜撑杆设置示意

1—纵向水平杆；2—横向水平杆；3—连墙件；
4—水平斜撑杆

图 5-9 双排脚手架组架示意图

（a）水平杆组架；（b）钢管扣件拐角组架

1—水平杆；2—钢管扣件

5.2.6 门洞

当双排脚手架设置门洞时，应在门洞上部架设桁架托梁，门洞两侧立杆应对称加设竖向斜撑杆或剪刀撑，如图 5-10 所示。

5.2.7 人行通道

考虑施工作业人员的上下通行需要，脚手架需设置人行通道。人行通道可做成梯道或坡道的形式；人行梯道的坡度不宜大于1：1，人行坡道坡度不宜大于1：3，坡面应设置防滑装置；通道应与架体连接固定，宽度不应小于900mm，并应在通道脚手板下增设水平杆，通道可折线上升，如图5-11所示；通道两侧及转弯平台应设置脚手板、防护栏杆和安全网。

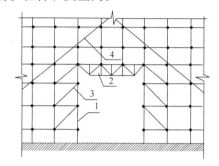

图 5-10 双排外脚手架门洞设置

1—双排脚手架；2—桁架托梁；3—斜撑；
4—"八"字斜撑

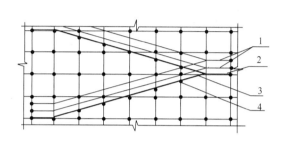

图 5-11 人行通道设置

1—护栏；2—平台脚手板；3—人行梯道或坡道脚手板；
4—增设水平杆

5.3 碗扣式钢管脚手架搭设

碗扣式脚手架的搭设应分段进行，每段搭设后必须经检查验收合格后，方可投入使用。脚手架搭设的准备工作的有关要求参照扣件式钢管脚手架搭设的准备工作要求。

5.3.1 搭设程序

脚手架组装以3～4人一小组为宜，其中1～2人递料，另外2人共同配合组装，每人负责一端。组装时，要求至多2层向同一方向，或由中间向两边推进，不得从两边向中间合拢组装，否则中间杆件会因两侧架子刚度太大而难以安装。

脚手架的搭设顺序是：

安放立杆底座或立杆可调底座→树立杆、安放扫地杆→安装底层（第一步）水平杆→安装斜杆→接头销紧→铺放脚手板→安装上层立杆→紧立杆连接销→安装横杆→设置连墙件→设置人行梯→设置剪刀撑→挂设安全网。

脚手架应随建筑物升高而随时设置，并应高于作业面1.5m。

5.3.2 搭设要点

（1）基础处理

1）脚手架基础必须按照专项施工方案进行施工，按照基础承载力要求进行验收。

2）当地基高低差较大时，可利用立杆0.6m节点位差进行调整。

3）土层地基上的立杆应当设置可调底座和垫板。

（2）接头组装

接头是立杆同横杆、斜杆的连接装置，应确保接头锁紧。组装时，先将上碗扣搁置在限位销上，将横杆、斜杆等接头插入下碗扣，使接头弧面与立杆密贴，待全部接头插入后，将上碗扣套下，并用榔头顺时针沿切线敲击上碗扣凸头，直至上碗扣被限位销卡紧不再转动为止。

（3）竖立杆、安放扫地杆

基础验收合格后，按照专项施工方案所设计的脚手架立杆位置进行立杆的放线定位。根据放线，安放立杆垫板和可调底座，竖立杆。

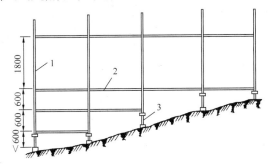

图5-12 地基不平时立杆及其底座的设置
1—立杆；2—水平杆；3—可调底座

垫板采用长度不小于立杆2跨、厚度不小于50mm的木板；底座的轴线应与地面垂直。

在地势不平的地基上，或者是高层的重载脚手架，立杆应采用可调底座，以调整立杆的高度，以便使立杆的碗扣接头都分别处于同一水平面上，如图5-12所示。

在平整的地基上，脚手架底层的立杆应选用不同长度的立杆互相交错参差布置，使立杆的上端不在同一平面内，如图5-4所示。这样，在搭上层架子时，在同一层中采用相同长度的同一规格的立杆接长时，其接头就会互相错开。

在竖立杆时，应及时设置扫地杆，将所竖立杆连成一整体，以保证架子整体的稳定。

（4）安装底层（第1步）横杆

碗扣式钢管脚手架的步高取600mm的倍数，将横杆接头插入立杆的下碗扣内，然后将上碗扣沿限位销扣下，并顺时针旋转，靠上碗扣螺旋面使之与限位销顶紧，将横杆与立杆牢固地连在一起，形成框架结构。

（5）安装斜杆

斜杆可采用碗扣式钢管脚手架的配套斜杆，也可以采用钢管扣件代替。

当用碗扣式系列斜杆时，斜杆应尽可能设置在框架结点上，装成节点斜杆；若斜杆不能设置在节点上时，应呈错节布置，装成非节点斜杆，如图5-13所示。

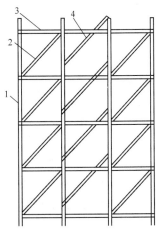

图5-13 斜杆布置构造图
1—立杆；2—节点斜杆；3—水平杆；
4—非节点斜杆

110

利用钢管和扣件安装斜杆时，斜杆的设置更加灵活，可不受碗扣接头内允许装设杆件数量的限制，特别适用于安装竖向剪刀撑、纵向水平剪刀撑。此外，用钢管和扣件安装斜杆还能改善脚手架的受力性能。

（6）安装连墙件

连墙件必须随双排脚手架高度上升及时按设计方案在规定位置处设置。不得在脚手架搭设完后补安装，也不得随意拆除。连墙杆与结构的拉结构造如图 5-14 所示。

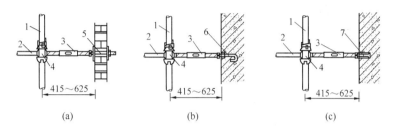

图 5-14　连墙杆与结构的拉结构造

（a）砖墙缝固定法；（b）混凝土墙预埋件固定法；（c）混凝土墙膨胀螺栓固定法

1—立杆；2—水平杆；3—连墙撑；4—碗扣节点；5—连墙螺栓；

6—连墙预埋件；7—膨胀螺栓

（7）作业层搭设

作业层脚手板必须铺满、铺实，外侧应设 180mm 挡脚板及 600mm 和 1200mm 高两道防护栏杆。

当脚手板采用碗扣式钢管脚手架配套设计的钢脚手板时，脚手板的挂钩必须完全落入横杆上，不允许浮动；使用冲压钢脚手板、木脚手板、竹串片等脚手板时，两端应与横杆绑牢，严禁出现探头板。

（8）接立杆

立杆的接长是靠焊于立杆顶部的连接管承插而成。立杆插入后，使上部立杆底端连接孔同下部立杆顶部连接孔对齐，插入立杆连接销锁定即可。

（9）安全网安装

碗扣式钢管脚手架配备有专用安全网支架件，可直接用碗扣接头固定在脚手架上。

5.3.3　搭设质量

（1）地基基础表面要坚实平整，垫板放置要牢靠，且排水通畅。

（2）双排碗扣脚手架搭设偏差应当符合下列要求：

1）搭设高度 $H \leqslant 30m$ 时，垂直度偏差应不大于 $H/500$；当 $H > 30m$ 时，垂直度偏差应不大于 $H/100$。

2）当脚手架搭设长度为 L 时，底层水平框架的纵向直线度应不大于 $L/200$；横杆间水平度应不大于 $L/400$。

3）所有碗扣接头必须锁紧；扣件扭紧力矩应当为 40～65N·m。

5.3.4 检查验收

搭设高度小于等于 20m 的脚手架，应由项目负责人组织施工技术、安全及监理人员进行验收；对于高度大于 20m 的脚手架，应由其上一级安全生产主管部门负责人组织有关人员进行检查验收。

1. 检查验收的阶段

在搭设过程中，应随时进行检查，及时解决存在的结构缺陷，同时按照以下时间段组织阶段性检查验收：

（1）首段高度为 6m 时进行第一阶段（擗底阶段）的检查与验收。

（2）第二阶段为架体随施工进度的定期检查。

（3）第三阶段为达到设计高度后进行全面的检查与验收。

（4）当架体高度大于 24m 时，在 24m 处或设计高度 1/2 处增加一次全面的检查与验收。

（5）当遇 6 级以上大风、大雨、大雪后，继续施工前应进行特殊情况的检查。

（6）当停工超过一个月后，恢复使用前的检查。

2. 验收时应具备的技术资料

（1）脚手架的专项施工设计方案与变更文件。

（2）周转使用的脚手架构配件使用前的复验合格记录。

（3）施工记录和质量检查记录。

3. 验收内容

（1）保证架体几何不变形的斜杆、连墙件等设置是否完善。

（2）基础是否有不均匀沉陷。

（3）立杆垫座与基础面是否接触良好，有无松动或脱离情况。

（4）检验全部节点的上碗扣是否锁紧。

（5）连墙撑、斜杆及安全网等构件的设置是否达到了设计要求。

（6）荷载是否超过规定。

4. 应重点检查的内容

（1）保证架体几何不变性的斜杆、连墙件等设置情况。

（2）基础的沉降，立杆底座与基础面的接触情况。

（3）上碗扣锁紧情况。

（4）立杆连接销的安装，斜杆和接点、扣件拧紧程度。

5.3.5 使用管理

（1）脚手架内外侧加挑梁时，挑梁范围内只允许承受人行荷载，严禁堆放物料。

（2）在使用过程中，应定期对脚手架进行检查，严禁乱堆乱放，应及时清理各层堆积的杂物。

（3）不得将脚手架构件等物从过高的地方抛掷，不得随意拆除已投入使用的脚手架构件。

5.3.6 拆除

（1）应全面检查脚手架的连接、支撑体系等是否符合构造要求，按技术管理程序批准后方可实施拆除作业。

（2）脚手架拆除前，现场工程技术人员应对在岗操作人员进行有针对性的安全技术交底。

（3）脚手架拆除时必须划出安全区，设置警戒标志，派专人看管。

（4）拆除前应清理脚手架上的器具及多余的材料和杂物。

（5）拆除作业应从顶层开始，逐层向下进行，严禁上下层同时拆除。

（6）连墙件必须拆到该层时方可拆除，严禁提前拆除。

（7）拆除的构配件应成捆用起重设备吊运或人工传递到地面，严禁抛掷。

（8）脚手架采取分段、分立面拆除时，必须事先确定分界处的技术处理方案。

（9）拆除的构配件应分类堆放，以便于运输、维护和保管。

6　木竹与异形脚手架

6.1　木脚手架

我国部分地区盛产木材，每年产出大量的剥皮落叶松和杉木，其中相当一部分完全适用于搭设多层建筑的脚手架。在这些地区使用木脚手架可就地取材，能节约成本，且经济实用，对建筑业的发展具有积极的意义。

木脚手架的基本构造与扣件式钢管脚手架近似，由立杆、纵横向水平杆、剪刀撑、斜撑、抛撑及连墙件等杆件组成。

木脚手架应依据《建筑施工木脚手架安全技术规范》JGJ 164—2008 及相关规范、规程搭设。

6.1.1　材料

1. 杆件

立杆、斜撑、剪刀撑、抛撑、纵横向水平杆及连墙件应采用去皮的杉木或落叶松，其材质应符合《木结构设计标准》GB 50005—2017 的规定。严禁使用易腐朽、易折裂、有枯节的木杆。

（1）用于立杆时，梢径即小头直径不应小于 70mm，大头直径不应大于 180mm，长度不宜小于 6m。

（2）用于纵向水平杆时，杉杆梢径不应小于 80mm；红松、落叶松梢径不应小于 70mm，长度不宜小于 6m。

（3）用于横向水平杆时，梢径不应小于 80mm，长度宜为 2.1～2.3m。

2. 镀锌钢丝

木脚手架通常使用镀锌钢丝绑扎。镀锌钢丝，又称为铅丝。镀锌钢丝的规格用"号"表示，号数越小，直径越小。

单根 8 号镀锌钢丝的抗拉强度不得低于 900N/mm²；单根 10 号镀锌钢丝的抗拉强度不得低于 1000N/mm²；单根 12 号镀锌钢丝的抗拉强度不得低于 1100N/mm²。

绑扎木脚手架通常采用 8 号或 10 号镀锌钢丝，也可使用回火钢丝来绑扎。钢丝严禁有锈蚀或机械损伤。

绑扎材料是保证木脚手架受力性能和整体稳定性的关键部件，对于外观检查不合格和材质不符合要求的绑扎材料严禁使用，绑扎材料不得重复使用。

6.1.2 构造尺寸

1. 搭设高度

木脚手架搭设高度应符合下列规定：

（1）单排架不得超过 20m。

（2）双排架不得超过 25m；当需超过 25m 时，应进行设计计算确定，但增高后的总高度不得超过 30m。

2. 杆件间距尺寸

立杆间距、纵向水平杆步距和横向水平杆间距，应根据脚手架的用途、荷载和建筑平立面、使用条件等确定。

结构和装修外脚手架构造参数应按表 6-1 的规定采用。

木制落地外脚手架构造参数 表 6-1

用途	构造形式	内立杆轴线至墙面距离（m）	立杆间距（m）		作业层横向水平杆间距（m）	纵向水平杆竖向步距（m）
			横距	纵距		
结构架	单排	—	≤1.2	≤1.5	≤0.75	≤1.5
	双排	≤0.5	≤1.2	≤1.5	≤0.75	≤1.5
装饰架	单排	—	≤1.2	≤2.0	≤1.0	≤1.8
	双排	≤0.5	≤1.2	≤2.0	≤1.0	≤1.8

6.1.3 脚手眼

单排木脚手架通常将横向水平杆（小横杆）搭在墙体上留设的脚手眼中，脚手眼设置的规定按下列要求执行：

（1）单排脚手架的搭设不得用于墙厚在 180mm 及以下的砌体土坯和轻质空心砖墙及砌筑砂浆强度在 M1.0 以下的墙体。

（2）空斗墙上留置脚手眼时，横向水平杆下必须实砌 2 皮砖。

（3）砖砌体的下列部位不得留脚手眼：

1）砖过梁上与过梁成 60°角的三角形范围内。

2）砖柱或宽度小于 740mm 的窗间墙。

3）梁或梁垫下及其左右 370mm 范围内。

4）砌体门窗洞口两侧 240mm 和转角处 420mm 范围内。

5）设计上不允许留脚手眼的部位。

6.1.4 搭设与构造

1. 准备工作

木脚手架须将木制立杆、抛撑等埋设到预先挖好的土坑中，为此，在脚手架搭设前须对现场进行清理、平整，并确定各杆件的位置。脚手架搭设的准备工作主要包括如下内容：

（1）脚手架搭设施工人员必须经过专业技术培训及专业考试合格，持证上岗，并定期进行体格检查。

（2）编制脚手架工程安全专项施工方案。

（3）脚手架搭设前，工程技术负责人应向施工人员作技术交底。

（4）清除施工现场的障碍物。

（5）根据杆材粗细、材质、外形等进行合理挑选分类；决定其用途及使用的部位。

（6）根据建筑物的平面几何形状和搭设高度，确定脚手架的搭设形式及各部分（如斜道、上料平台等）的位置。

（7）搭设前应做好定位放线工作。

2. 搭设程序

木脚手架搭设是先竖立杆，并应保证立杆的稳定。脚手架的搭设顺序为：

确定立杆位置（放样）→挖立杆坑→竖立杆→绑纵向水平杆→绑横向水平杆→绑抛撑、斜撑、剪刀撑等→设置连墙件→铺脚手板→搭设安全网。

木脚手架各杆件地基处理的做法和要求如下：

（1）脚手架的立杆、抛撑和底层步距斜撑的底端均要埋入地下。埋设深度视土质情况而定，一般立杆埋深应为 0.3～0.5m；抛撑底端埋深应为 0.2～0.3m；剪刀撑或斜撑的斜杆底端埋入土内深度不得小于 0.3m。

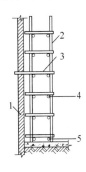

（2）挖坑时坑底要稍大于坑口，坑口直径应大于立杆直径 100mm，埋杆时应先将坑底夯实，或按计算要求加设垫木，以防下沉。立杆埋设回填时，应采用石块卡紧，杆子周围回填土必须分层夯实，并做成土墩，防止积水。

（3）地面为岩石层或混凝土挖坑困难，或土质松软立杆埋深不够时，则应沿立杆底加绑扫地杆，横向扫地杆距地表应为 100mm，其上绑扎纵向扫地杆，如图 6-1 所示。

图 6-1 扫地杆设置

1—建筑结构物；2—立杆；3—横向水平杆；4—纵向水平杆；5—扫地杆

3. 立杆

（1）基本规定

立杆的搭设应符合下列规定：

1）放样：脚手架搭设范围内的地基要整平夯实。根据技术交底和建筑物的特点，确定立杆纵、横向间距，现场拉线，钉竹签放样。搭设双排架时，里外立杆距离应当相等。根据建筑物的总高度和特点及施工要求确定架子的步距，以及第一皮架子的高度。

2）立杆应小头朝上，上下垂直。搭设到建筑顶端时，为了便于操作，又能搭设外围护，保证安全，里排立杆应低于女儿墙上端或檐口上端 0.1～0.5m；外排立杆应高出平屋顶 1.0～1.2m，高出坡屋顶、檐口 1.5m，最上一根立杆应小头朝下，将多余部分往下错动，使立杆顶部平齐。

3）立杆采用搭接接长，相邻两根立杆的搭接接头应错开一步架；同一立杆上的相邻接头，大头应当相互错开并保持垂直。搭接长度不小于 1.5m，绑扎不得少于 3 道钢丝，绑扎钢丝的间距应为 600～750mm。

4）垂直度：架体严禁向外倾斜。杆件沿纵向垂直允许偏差应为架高的 3/1000，且不大于 100mm；架体向内倾斜度不应超过 1%，并不得大于 150mm。

（2）立杆竖杆方法

竖立杆时，一般由 3 人配合操作，具体的竖杆方法是：1 人将立杆大头对准坑口，1 人用铁锹挡住立杆根部，并用脚用力向坑口蹬住立杆根部，1 人将杉杆抬起扛在肩上，然后与站在坑口的人互相倒换，双手将杉杆竖起落入坑内，1 人双手扶住立杆，并校正垂直，2 人回填夯实立杆坑土方，所有立杆均按此法顺序竖立。

4. 纵向水平杆

（1）基本规定

纵向水平杆的搭设应符合下列规定：

1）纵向水平杆应绑在立杆里侧。绑扎第一步纵向水平杆时，立杆必须垂直。

2）在架体端部，纵向水平杆的大头均应朝外。除架体端部外，同一步架的纵向水平杆的大头朝向应当一致，上、下相邻两步架的纵向水平杆大头朝向应当相反。

3）同一步架的里外两排纵向水平杆不得有接头；相邻两纵向水平杆接头应当错开一跨。

4）纵向水平杆接头，上、下层架接头应互相错开。接头应当置于立杆处，并放在横向水平杆上，小头压在大头上，大头伸出立杆长度应为 200～300mm。

5）纵向水平杆的接头采用搭接接长，搭接长度应不小于 1.5m，绑扎道数不得小于 3 道，其间距应为 600～750mm，如图 6-2 所示。

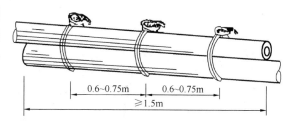

图 6-2　杆件接长的方法

（2）纵向水平杆搭设方法

竖完立杆后，就可以绑扎纵向水平杆，在绑扎纵向水平杆时，一般需要 4 人互相配合操作。具体分工为：3 人负责绑扎，1 人负责递料和校正、找平。

绑扎第一步纵向水平杆时，先要查看一下立杆是否垂直，如有偏差，要先修正好，然后 3 人同时抬起纵向水平杆绑扎，绑扎时必须听从找平人的指挥，并注意绑扎时不要用力地猛拉镀锌钢丝，以免将立杆拉歪。

绑扎第二步纵向水平杆时,注意上架子动作要轻巧,避免将立杆拉歪,绑扎时必须相互配合好,而且精神要集中。在递杉杆时,应将小头递给脚手架的中间人,在上面接住杆件后,再顺势往上递送。递送时不可用力过猛,否则容易将脚手架上的人推下去,发生安全事故。因此,上下动作必须协调一致,等到下面人的手够不着时,脚手架上两端的人要注意中间人拔杆,等中间人将杆件调平时,就立即拉住杆件两头,勾住,等下面找平人发出信号后,马上绑扎。其他纵向水平杆依此法顺序绑扎。

(3)纵向水平杆绑扎方法

立杆与纵向水平杆十字节点应采用绑十字扣绑扎,有平插法及斜插法两种绑法;其他杆件的节点采用顺扣绑扎。

1)平插法:将镀锌钢丝卡住纵向水平杆,从立杆的右边插过去,绕过立杆背后从立杆左边拉过来同时把钎子插进鼻孔,用左手拉紧镀锌钢丝,使其压到鼻孔下,右手用力拧拉1.5圈,即可绑牢,如图6-3所示。

2)斜插法:将镀锌钢丝卡住纵向水平杆,从立杆与纵向水平杆交角处插过去,绕过立杆背后,分别从立杆右边和左边拉过来,同时把钎子插进鼻孔用左手拉紧镀锌钢丝,并使镀锌钢丝压到鼻孔下,右手用力拧扭1.5圈,即可绑牢,如图6-4所示。

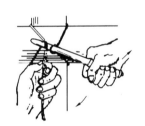  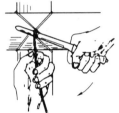 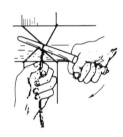

图6-3 平插法绑扎　　　　　　　　　　图6-4 斜插法绑扎

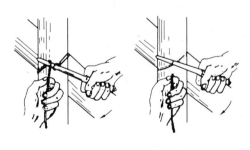

图6-5 顺扣绑扎

3)顺扣绑扎:立杆、纵向水平杆的接长以及剪刀撑与立杆相交、横向水平杆与纵向水平杆相交,均用顺扣绑扎,即将镀锌钢丝兜绕1圈后,随即将钎子插进鼻孔,左手拉紧镀锌钢丝,使其压到鼻孔下,右手用力拧扭1.5~2圈,即可绑牢,如图6-5所示。

5.横向水平杆

横向水平杆的搭设应符合下列规定:

(1)立杆与纵向水平杆交接点处必须设置横向水平杆,其他部分应当等距均匀设置。

(2)横向水平杆应与纵向水平杆捆绑在一起。

（3）单排架横向水平杆的大头应朝里，双排架应朝外。

（4）沿竖向靠立杆的上、下两相邻横向水平杆应分别搁置在立杆的不同侧面。

（5）单排脚手架横向水平杆在砖墙上搁置长度不应小于 240mm，其外端伸出纵向水平杆的长度不小于 200mm；双排脚手架横向水平杆每端伸出纵向水平杆的长度不小于 200mm，里端距墙面宜为 100～150mm。

6. 剪刀撑

剪刀撑的搭设应符合下列规定：

（1）不论双排或单排木脚手架均应在架体的端部、转角处和中间每隔 15m 的净距内设置剪刀撑，并应由底至顶连续设置；剪刀撑的斜杆应至少覆盖 5 根立杆；斜杆与地面呈 45°～60°。当架长在 30m 以内时，应在外侧立面整个长度和高度上连续设置多跨剪刀撑，如图 6-6 所示。

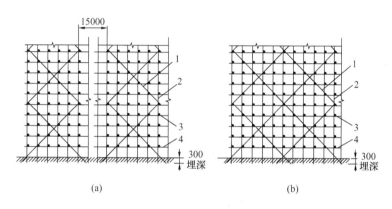

图 6-6 剪刀撑构造图（一）

（a）间断式；（b）连续式

1—剪刀撑；2—立杆；3—横向水平杆；4—纵向水平杆

（2）剪刀撑斜杆的端部应置于立杆与纵、横向水平杆相交节点处，与横向水平杆绑扎应牢固。中部与立杆及纵、横向水平杆各相交处应绑扎牢固。

（3）对不能交圈搭设的单片脚手架，应在两端端部从底到上连续设置横向斜撑，如图 6-7（a）所示。

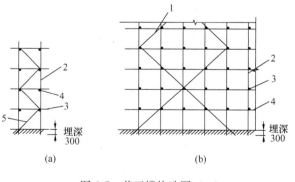

图 6-7 剪刀撑构造图（二）

（a）斜撑的埋设；（b）剪刀撑斜杆的埋设

1—剪刀撑斜杆；2—立杆；3—横向水平杆；

4—纵向水平杆；5—斜撑

（4）斜撑或剪刀撑的斜杆底端埋入土内，如图 6-7（b）所示。当不能埋地时，应用镀锌钢丝牢固绑扎在立杆交合处。

7. 抛撑与连墙件

（1）抛撑：三步以上架子即应每隔 7 根立杆设置一根抛撑，抛撑应进行可靠固定，底端埋深应为 200～300mm。

（2）连墙件：架高大于 7m 不便设抛撑时，则应设置连墙件使架子与建筑物牢固连接。连墙件常用的连接方法是在墙体内预埋钢筋环或在墙内侧放短木棍，用 8 号镀锌钢丝穿过钢筋环或捆住短木棍拉住架子的立杆，同时将横向水平杆顶住墙面。连墙件应尽量靠近架子立杆的节点，以提高架子的稳定性。

（3）连墙件的设置应符合下列规定：

1）连墙件应当既能抗拉又能抗压，除应在第一步架高处设置外，双排架应两步三跨设置 1 个；单排架应两步两跨设置 1 个；连墙件应沿整个墙面采用梅花形布置。

2）开口形脚手架，应在两端端部沿竖向每步架设置 1 个。

3）连墙件应采用预埋件和工具化、定型化的连接构造。

8. 门窗洞口

当单、双排脚手架底层设置门洞时，宜采用上升斜杆、平行弦杆桁架结构形式，如图 6-8 所示。斜杆与地面倾角应在 45°～60°。单排脚手架门洞处应在平面桁架的每个节点间设置 1 根斜腹杆；双排脚手架门洞处的空间桁架除下弦平面处，应在其余 5 个平面内的图示节间设置 1 根斜腹杆，斜杆的小头直径不得小于 90mm，上端应向上连接交搭 2～3 步纵向水平杆，并应绑扎牢固。斜杆下端埋入地下不得小于 0.3m，门洞桁架下的两侧立杆应为双杆，副立杆高度应高于门洞口 1～2 步。

单排脚手架遇窗洞时可增设立杆或吊设一短纵向水平杆将荷载传布到两侧的横向水平

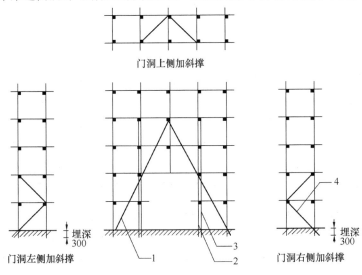

图 6-8 门洞口脚手架的搭设

1—斜腹杆；2—主立杆；3—副主杆；4—斜杆

杆上，当窗洞宽大于1.5m时，应于室内另加立杆和纵向水平杆来搁置横向水平杆。

9. 脚手板

脚手板铺设应符合下列规定：

（1）施工作业层脚手板应满铺，并应牢固稳定，不得有空隙；严禁出现探头板。

（2）对接铺设的脚手板，其接头下面应设置两根横向水平杆，板端悬空部分应为100～150mm，并应绑扎牢固。

（3）搭接铺设的脚手板，其接头必须在横向水平杆上，搭接长度应为200～300mm，板端挑出横向水平杆的长度应为100～150mm。

（4）脚手板两端必须与横向水平杆绑牢。

10. 栏杆

脚手架搭设至2步及以上时，必须在作业层外立杆内侧设置1.2m高的防护栏杆和安全立网。防护栏杆绑2道，下杆距离操作面应为0.7m，底部应设置高度不低于180mm的挡脚板，脚手架外侧应采用密目式安全网全封闭。

11. 斜道

斜道的搭设应符合下列规定：

（1）斜道的形式：脚手架高度在3步及以下时，斜道应采用"一"字形；当架高在3步以上时，应采用"之"字形。

（2）行人斜道宽度不应小于1.5m，坡度宜为1:3，平台面积不应小于3m²。

（3）运料斜道宽度不得小于2.0m，坡度宜为1:6，平台面积不应小于6m²。

（4）立杆的间距应根据实际荷载情况计算确定，纵向水平杆的步距不得大于1.4m。

（5）横向水平杆置于斜杆上时，间距不得大于1.0m；在拐弯平台处，不应大于0.75m。杆的两端均应绑扎牢固。

（6）斜道两侧、平台外围和端部均应设剪刀撑；沿斜道纵向每隔6～7根立杆设一道抛撑，抛撑不得少于两道。

（7）斜道两侧及拐弯平台的外侧，均应设总高1.2m的两道防护栏杆及不低于180mm高的挡脚板，外侧挂密目式安全立网防护。

（8）当架体高度大于7m时，对于附着在脚手架外排立杆上的斜道（利用脚手架外排立杆作为斜道里排立杆）应加密连墙件的设置；对独立搭设的斜道，应在每一步两跨设置一道连墙件。

（9）斜道脚手板应随架高从下到上连续铺设，采用搭接铺设时，搭接长度不得小于400mm，并应在接头下面设两根横向水平杆，板端接头处的凸棱，应采用三角木填顺；脚手板应满铺，并平整牢固。

（10）人行斜道的脚手板上应设高20～30mm的防滑条，间距不得大于300mm。

12. 临街防护

沿街道、居民密集处的脚手架外侧应采用防护竹笆全封闭隔绝，或采用立网全封闭。有条件的可以在安全立网全封闭的基础上，在脚手架的外侧采用竹笆加强临街面的防护。

6.1.5　检查验收

1. 搭设过程及使用前的检验

（1）脚手架搭设至3步架高时，应按设计要求检验，符合要求后，方可继续向上搭设。搭设至设计高度后，应由项目技术负责人组织相关人员，按照规定项目和要求进行检验。检查合格后，办理交接验收手续，方可交付使用。

（2）检验内容如下：

1）整体脚手架必须保持垂直、稳定，不得向外倾斜。

2）脚手架与墙体的拉结点及剪刀撑必须牢固，间距符合设计规定。

3）脚手架沿建筑物的外围应交圈封闭。

4）木杆、镀锌钢丝、脚手板的规格尺寸和材质必须符合规定。

5）立杆、斜杆底部应有垫块。

6）填土要夯实，不得有松动现象，并应高出周围的地面。

7）各杆件的间距及倾斜角度应符合规定。

8）镀锌钢丝绑扎应符合规定，且不允许1扣绑扎3根杆件。

9）脚手架高度超过3步架应当设置斜道（或上、下架设施）、防护栏杆和挡脚板，挂设安全网。

2. 脚手架使用期间的检验

脚手架使用期间必须设专人经常检查。检验项目如下：

（1）脚手架是否出现倾斜或变形。

（2）连墙件是否出现缺损。

（3）绑扎点镀锌钢丝是否出现松脱和断裂。

（4）立杆是否出现沉陷和悬空。

（5）脚手板是否漏铺，是否出现探头板，与墙面的间隙不得大于150mm。

（6）脚手架上使用荷载不得超过规范或设计规定。

（7）使用过的材料、设备、机具不得堆放在脚手板上或斜道的休息平台上。

（8）严禁利用脚手架吊运重物或在脚手架上拉结缆风绳。

检查后不合格部位必须及时修复或更换，符合规范规定后，方准继续使用。

6.1.6　拆除

1. 拆除准备工作

（1）拆除脚手架前，应清除脚手架上的材料、工具和杂物。

（2）拆除脚手架时，应设置警戒区，设立警戒标志，并由专人负责警戒，禁止无关人员进入。

2. 拆除程序

脚手架拆除必须严格遵守自上而下按顺序进行，后绑的先拆，先绑的后拆。严禁上、下同时进行拆除作业，严禁采用推倒或拉倒的方法进行拆除。

拆除顺序为：栏杆→脚手板→剪刀撑→横向水平杆→连墙杆→纵向水平杆→立杆等。

3. 拆除注意事项

（1）拆除工作至少需要 4 人配合操作，其中 3 人在脚手架上拆除，1 人在下面负责指挥和安全，防止非拆除人员进入现场。

（2）拆除人员必须按照安全操作规程要求，穿工作服、防滑胶底鞋、戴安全帽、挂好安全带，方可上脚手架作业。

（3）3 人在解开镀锌钢丝扣时，要互相配合，互相呼应，同时解扣或按顺序解扣，解扣时都必须拿住杉杆不放手，待扣都解开后，由中间 1 人负责向下顺杆将其滑落地面。

（4）立杆：先抱住立杆再解开最后两个绑扎扣。

（5）纵向水平杆、剪刀撑、斜撑：先拆中间绑扎扣，托住中间再解开两头的绑扎扣。

（6）抛撑：先用临时支撑加固后，才允许拆除抛撑。

（7）剪刀撑、斜撑及连接点只能在拆除层上拆除，不得一次全部拆掉。

（8）拆下的杆件，特别是立杆和纵向水平杆，不得随意乱扔，必须由中间 1 人负责顺杆滑落。顺杆滑落时，一定要将杉杆的大头朝下，用手抓住小头慢慢向下送杆，待下面人接住后方能松手。如果架子较高不便顺杆滑落时，可以用麻绳将杉杆两头绑住，由 2 人负责落杆。落杆时 1 人先落使杆件稍垂直或稍有坡度，待杆件落到地面时，等下面人解开绳后再往上收绳。

6.2 竹脚手架

我国竹材产量占世界总产量的 80％ 左右，主要分布在长江和珠江流域。竹材生长快，分布地区较广，资源丰富，在南方各省建筑施工中常采用竹材作为脚手架搭设材料。

同木脚手架一样，竹脚手架的基本构造也与扣件式钢管脚手架近似，由立杆、纵横向水平杆、剪刀撑、斜撑、抛撑及连墙件等杆件组成。

竹脚手架应依据《建筑施工竹脚手架安全技术规范》JGJ 254—2011 及相关规范、

规程搭设。

6.2.1　材料

1. 杆件

（1）用于脚手架主要受力杆件应当选用生长期 3～4 年以上的毛竹或楠竹，竹竿应挺直、质地坚韧；严禁使用弯曲不直、青嫩、枯脆、腐烂、虫蛀及裂纹连通 2 节以上的竹竿。

（2）竹竿有效部分的小头直径应符合以下规定：

1）横向水平杆不得小于 90mm。

2）立杆、顶撑、斜杆不得小于 75mm。

3）搁栅、栏杆不得小于 60mm。

有效部分的小头直径为 60～90mm 的竹件做横向水平杆时，可双杆合并或单根加密使用。

（3）竹材质量的直观鉴别

1）竹材的生长年龄可按表 6-2 根据各种外观特点进行鉴别。

冬竹竹龄鉴别方法

表 6-2

竹龄 特点	三年以下	三年以上	七年以上
皮色	下山时呈青色如青菜叶，隔一年呈青白色	卜山时呈冬瓜皮色，隔一年呈老黄色或黄色	呈枯黄色，并有黄色斑纹
竹节	单箍突出，无白粉箍	竹节不突出，近节部分凸起呈双箍	竹节间皮上生出白粉
劈开	劈开处发毛，劈成篾条后弯曲	劈开处较老，篾条基本挺直	

注：1. 生长于阳山坡的竹材，竹皮呈白色带淡黄色，质地较好；生长于阴山坡的竹材，竹皮色青，质地较差，且易遭虫蛀，但仍可同样使用。

　　2. 嫩竹被水浸伤（热天泡在水中时间过长），表色也呈黄色，但其肉带紫褐色，质松易劈，不易使用。如用小铁锤锤击竹材，年老者声清脆而高，年幼者声音弱。年老者比年幼者较难锯。

2）鉴别竹材采伐时间的方法为：将竹材在距离根部约三、四节处用锯锯断或用刀砍断观察，其断面上如呈有明显斑点者，或将竹材浸入水中后，竹内有液体分泌出来，而水中有很多泡沫产生者，就可推断为白露前采伐。反之，如果在杆壁断面上无斑点，或在浸水后无液体分泌及泡沫产生者，则可推断为白露后采伐。

2. 绑扎材料

绑扎材料是保证竹脚手架受力性能和整体稳定性的关键部件，对于外观检查不合格和材质不符合要求的绑扎材料严禁使用；所有绑扎材料不得重复使用；尼龙绳和塑料绳绑扎的绑扣易于松脱，不得使用。

竹脚手架的绑扎材料主要有镀锌钢丝、竹篾和塑料篾等。

（1）镀锌钢丝

应采用 8 号或 10 号镀锌铁丝，严禁有锈蚀或机械损伤。单根 8 号铁丝的抗拉强度不得低于 $900N/mm^2$，单根 10 号铁丝的抗拉强度不得低于 $1000N/mm^2$，单根 12 号铁丝的抗拉强度不得低于 $1100N/mm^2$。

（2）竹篾

竹篾是采用毛竹竹竿的外侧竹青部分劈割而成的绑扎材料。竹篾使用前应置于清水中浸泡不少于 12h。竹篾质地应新鲜、韧性强；严禁使用发霉、虫蛀、断腰、大节疤等竹篾。在存储、运输过程中不可受雨水浸淋和粘着石灰、水泥等，以免霉烂和失去韧性。

（3）塑料篾

塑料篾是用塑料纤维编织而成的"带子"，用以代替竹篾的一种绑扎材料。塑料篾必须采用有生产厂家合格证和力学性能试验合格的产品；单根塑料篾的抗拉能力不得低于 250N。如无法提供合格证，必须做进场试验，合格后方可使用。

竹篾和塑料篾的规格应符合表 6-3 的要求。

竹篾和塑料篾规格　　　　　　　　　　　表 6-3

名称	长度（m）	宽度（mm）	厚度（mm）
毛竹篾	3.5～4.0	20	0.8～1.0
塑料篾	3.5～4.0	10～15	0.8～1.0

6.2.2　竹脚手架基本结构

1. 一般规定

（1）不得搭设单排竹脚手架；双排竹脚手架的搭设高度不得超过 24m。

（2）竹脚手架搭设前应根据竹材粗细、长短、材质、外形等情况进行合理挑选和分类，量材使用。

（3）竹脚手架首层步距不得超过 1.8m，最上层的作业层处必须按规定设置连墙点。

（4）竹脚手架沿建筑物四周应形成自封闭结构或与建筑物共同形成封闭结构，搭设时应同步升高。

2. 竹脚手架结构形式

双排外脚手架搭设主要有以下两种结构形式：

（1）横向水平杆在纵向水平杆之下，其构造如图 6-9 所示；构造参数应符合表 6-4 的规定。

双排外脚手架的构造参数（横向水平杆在下）　　　　表 6-4

用途	内立杆至墙面距离（m）	立杆间距（m）		纵向水平杆步距（m）	横向水平杆挑向墙面的悬臂端长度（m）	搁栅间距（m）
		横向	纵向			
结构	≤0.5	≤1.2	1.5～1.8	1.5～1.8	0.20～0.3	≤0.40
装饰	≤0.5	≤1.0	1.5～1.8	1.5～1.8	0.35～0.4	≤0.40

注：脚手板采用竹笆脚手板。

（2）纵向水平杆在横向水平杆之下，其构造如图 6-10 所示；构造参数应符合表 6-5 的规定。

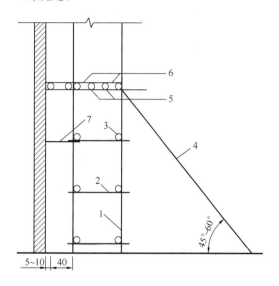

图 6-9　双排外脚手架构造（横向水平杆在下）　　图 6-10　双排外脚手架构造（纵向水平杆在下）

1—立杆；2—横向水平杆；3—纵向水平杆；4—斜杆；　　　　1—立杆；2—横向水平杆；3—纵向水平杆；

5—搁栅；6—竹笆脚手板；7—连墙件　　　　　　　　　　4—斜杆；5—竹串片脚手板；6—连墙件

双排外脚手架的构造参数（纵向水平杆在下）　　　　表 6-5

用途	内立杆至墙面距离（m）	立杆间距（m）		纵向水平杆步距（m）	横向水平杆挑向墙面的悬臂端长度（m）	作业层横向水平杆间距（m）
		横向	纵向			
结构	≤0.5	≤1.2	1.5～1.8	1.5～1.8	0.20～0.3	不大于立杆纵距的1/2
装饰	≤0.5	≤1.0	1.5～1.8	1.5～1.8	0.35～0.4	不大于立杆纵距的1/2

注：脚手板采用竹串片脚手板。

6.2.3　绑扎要求

（1）立杆与横向水平杆相交处应采用对角双斜扣绑扎；立杆与纵向水平杆、剪刀撑、斜杆等相交处可采用单斜扣绑扎，如图 6-11 所示。

（2）杆件接长处可采用平扣绑扎法，如图 6-12 所示。

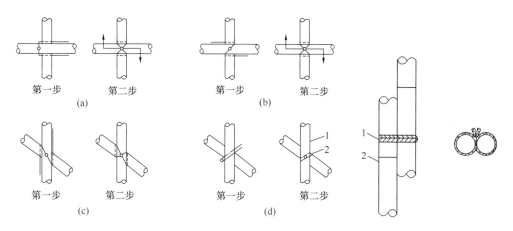

图 6-11　斜扣绑扎法　　　　　　　图 6-12　平扣绑扎法

（a）垂直相交平插；（b）垂直相交斜插；（c）斜交一；（d）斜交二　　1—竹篾；2—竹竿

1—竹竿；2—竹篾

（3）3 根杆件相交的主节点处，凡相接触的 2 杆间均应分别进行 2 杆件绑扎，不得 3 根杆件共同绑扎 1 道绑扣。

（4）竹篾绑扎时，每道绑扣应用双竹篾缠绕 4～6 圈，并每缠绕 2 圈应收紧 1 次，两端头拧成辫结构掖在杆件相交处的缝隙内，并拉紧。拉结时应避开篾节，不得使用多根单圈竹篾绑扎。

（5）不得使用双根竹篾接长绑扎。

（6）绑扎不得出现松脱现象。

6.2.4　搭设与构造

竹脚手架搭设施工的准备工作、搭设顺序基本同木脚手架，参照木脚手架相关内容。下面针对竹脚手架特殊的构造要求和搭设方法做主要证明。

1. 立杆

竹制立杆搭设应符合下列规定：

（1）立杆应小头朝上，上下垂直，搭设到建筑顶端时，里排立杆应低于女儿墙上皮或檐口 0.4～0.5m；外排立杆应高出女儿墙上皮和檐口 1.0～1.2m（平屋顶）或 1.5m（坡屋顶），最上面一根立杆应小头朝下，将多余部分往下错动，使立杆顶部平齐。

（2）立杆只允许搭接，严禁对接。

（3）立杆接头的搭接长度从有效直径起不得小于 1.5m，绑扎不得少于 5 道，两端绑扎点离杆件端部的距离不得小于 100mm；中间绑扎点应均匀设置，相邻立杆的搭接接头应上下错开 1 个步距，同步内隔一根立杆的两个相隔接头在高度方向错开的距离不宜小于 500mm。

（4）接长后的立杆应位于同一平面内，立杆接头应紧靠横向水平杆，并沿立杆纵向左右错开。如果竹竿有微小弯曲，应使弯曲面朝向脚手架的纵向，但不得同向，且应间隔反向设置。

2. 纵向水平杆

纵向水平杆搭设应符合下列规定：

（1）为了减小横向水平杆的跨度及增加立杆的稳定，纵向水平杆应搭设在立杆里侧，沿纵向平放。

（2）纵向水平杆应按平扣绑扎法进行接长，搭接处应头搭梢。搭接长度从有效直径起算不得小于 1.2m，绑扎不得少于 4 道，两端绑扎点与杆件端部的距离不应小于 100mm，中间绑扎点应均匀设置。

（3）搭接接头应设置于立杆处，并伸出立杆 200～300mm。两根相邻纵向水平杆的接头不宜设置在同步或同跨内；两相邻纵向水平杆接头应上下里外错开 1 倍的立杆纵距。同一步架的纵向水平杆大头朝向应一致，上下相邻两步架的纵向水平杆大头朝向应相反，但同一步架的纵向水平杆在架体端部时大头应朝外。

3. 横向水平杆

横向水平杆搭设应符合下列规定：

（1）横向水平杆应垂直于墙面，可绑扎在立杆或纵向水平杆上。

（2）为了增加立杆的承载能力和整体稳定，主节点处的横向水平杆要与立杆绑牢。

采用竹笆脚手板时，横向水平杆应置于纵向水平杆之下，绑扎在立杆上。采用竹串片脚手板时，横向水平杆应置于纵向水平杆之上，绑扎在纵向水平杆上。

作业层上非主节点处的横向水平杆，宜根据支撑脚手板的需要等间距设置，其最大间距应不大于立杆纵距的 1/2。

（3）横向水平杆每端伸出纵向水平杆的长度不应小于 200mm，且应有 1 个以上的完整竹节；里端距墙面宜为 100～150mm。

（4）为了保证立杆轴心受力，沿竖向靠立杆的上下两相邻横向水平杆应分别搁置在立杆的不同侧面。

4. 顶撑

顶撑是紧贴立杆、两端顶住上下水平杆的杆件。当使用竹笆脚手板时，顶撑应顶在横向水平杆的下方；使用竹串片脚手板时，顶撑应顶在纵向水平杆的下方，如图6-13所示。

（1）底层底步顶撑底端的地面应夯实并设置垫木，垫木不得叠放；其他各层顶撑底端不得设置垫块；垫木宽度不小于 200mm，厚度不小于 50mm。

（2）顶撑应并立于立杆侧设置，并顶紧水平杆。

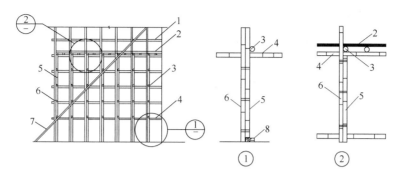

图 6-13 顶撑的布置

1—栏杆；2—脚手板；3—横向水平杆；4—纵向水平杆；

5—顶撑；6—立杆；7—斜杆；8—垫块

（3）顶撑应与上方的水平杆直径匹配。

（4）顶撑应与立杆绑扎不得少于 3 道，两端绑扎点与杆件端部的距离不应小于 100mm，中间绑扎点应均匀设置。

（5）顶撑应使用整根竹竿，不得接长，上、下顶撑应保持在同一垂直线上。

5. 剪刀撑

（1）剪刀撑应在脚手架外侧由底至顶连续设置，与地面倾角应为 45°～60°。剪刀撑的形式可根据实际需要，设置间断式剪刀撑或连续式剪刀撑。

（2）间断式剪刀撑除应在脚手架外侧立面的两端设置外，架体的转角处或开口处也应加设 1 道剪刀撑。

（3）剪刀撑应与其他杆件同步搭设。由于剪刀撑斜杆较长，如不固定在与之相交的立杆上，将会由于刚度不足先失去稳定，剪刀撑应紧靠脚手架外侧立杆，并和与之相交的立杆全部绑扎。

（4）搭接长度从有效直径起算不得小于 1.5m，绑扎不得少于 3 道，两端绑扎点与杆件端部的距离不应小于 100mm，中间绑扎点应均匀设置。剪刀撑应大头朝下，小头朝上。

6. 斜杆（斜撑、抛撑）

在脚手架搭设的高度较低时或暂时无法设置连墙件时，必须设置抛撑。

（1）斜撑应设置在脚手架外侧转角处，与地面呈 45°角，底脚距外排立杆可为 700mm。当脚手架纵向长度小于 15m 或架高低于 10m 时，斜撑可从下至上连续呈"之"字形设置以代替剪刀撑，如图 6-14 所示。

（2）为提高脚手架的横向刚度，水平斜撑

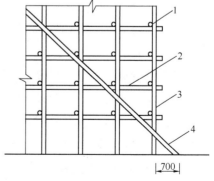

图 6-14 斜撑的布置

1—横向水平杆；2—纵向水平杆；

3—立杆；4—斜撑

应设置在脚手架有连墙件的步架平面内，斜撑两端与立杆应绑扎呈"之"字形，其中与连墙件相连的立杆必须作为绑扎点，如图6-15所示。

（3）"一"字形、开口形脚手架搭设到3步架高以上时每隔5～7根立杆应设置抛撑。抛撑应进行可靠固定，抛撑与地面应成45°～60°角，底端埋入土中深度不得小于0.5m，如图6-16所示。

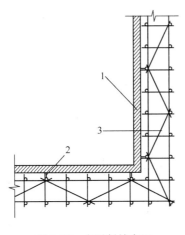

图6-15　水平斜撑布置

1—砖墙；2—连墙件；3—水平斜撑

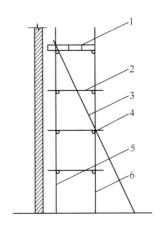

图6-16　抛撑的布置

1—脚手板；2—横向水平杆；3—抛撑；

4—纵向水平杆；5—内立杆；6—外立杆

7. 连墙件

连墙件竖向间距不宜大于3步，横向间距不宜大于3跨。

（1）连墙件的布置应符合下列规定：

1）应紧靠内立杆与水平杆相交点设置，距主节点不大于150mm。

2）应从第一步架高处开始设置。

3）宜优先采菱形布置，也可采用方形、矩形布置。

4）"一"字形、开口形脚手架的两端应设置连墙件，连墙件应沿竖向每步设置一个。

5）转角两侧立杆和顶层的操作层处应设置连墙件，连墙件布置如图6-17所示。

（2）连墙件的材料及构造做法应符合下列规定：

1）连墙件的拉杆可采用8号一般用途低碳钢丝或$\phi6$钢筋制成。拉杆宜呈水平设置，当不能水平设置时，与脚手架连接的一端应采用下斜连接，不应上斜连接。

2）连墙件的拉杆必须配合顶杆使用，严禁使用仅有拉杆的柔性连墙件。

3）连墙件必须采用可承受拉力和压力的构造。

4）连墙件连接部位宜设置在混凝土圈梁、柱、楼板等具有较好抗水平力的结构部位，顶杆亦应可靠地顶在混凝土圈梁、柱、楼板等结构部位。

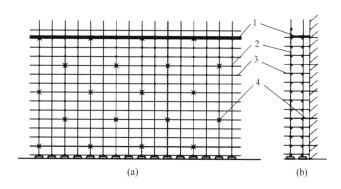

图 6-17　连墙件布置

（a）脚手架立面图；（b）脚手架剖面图

1—脚手板（操作层）；2—立杆；3—纵向水平杆；4—连墙件

8．脚手板

脚手板的设置应符合下列规定：

（1）当作业层铺设竹笆脚手板时，应在里外侧纵向水平杆之间设置搁栅，并符合下列规定：

1）搁栅应设置在横向水平杆上面，并应和与之相交的横向水平杆绑扎牢固。

2）作业层铺设搁栅不得少于两根，在纵向水平杆之间均匀布置，且间距不得大于 400mm。

3）搁栅的接长应采用搭接，搭接处应头搭头，梢搭梢。搭接长度从有效直径起算，不小于 1.2m。搭接端应在横向水平杆上，并伸出 200～300mm。

4）竹笆脚手板应按其主竹筋垂直于纵向水平杆方向铺设，且采用对接平铺，四个角应用 14 号镀锌铁丝固定在纵向水平杆上。

（2）竹串片脚手板应设置在三根横向水平杆上。竹串片脚手板可采用对接或搭接铺设，如图 6-18。竹串片脚手板对接平铺时，接头处必须设两根横向水平杆，脚手板外伸长度应取 130～150mm，两块脚手板的外伸长度的和不应大于 300mm；竹串片脚手板搭接铺设时，接头必须支在横向水平杆上，搭接长度应大于 200mm，其伸出横向水平杆的长度不应小于 100mm。

（3）作业层及其下层应铺满、铺稳，离开墙面距离不大于 120～150mm。

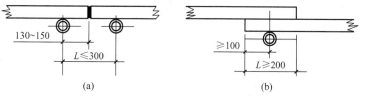

图 6-18　脚手板对接、搭接的构造

（a）脚手板对接；（b）脚手板搭接

（4）作业层端部脚手板探头长度不宜超过 150mm，其板长两端均应与支承杆可靠地固定。

9.脚手架其他构造组成

脚手架其他构造组成包括：门洞口、斜道、栏杆和安全网等，其构造做法及搭设要点同木脚手架，可参照学习。

6.2.5 拆除

竹脚手架应由专业架子工拆除。脚手架拆除前，由拆除施工班组明确拆除脚手架的准确工作和作业区的管理制度。拆除过程中必须防止坠物伤人，防止脚手架倒塌事故发生，妥善保管拆除后可以重复使用的竹竿和脚手板等配件，但绑扎材料不得重复使用。

（1）脚手架拆除作业危险区域应加临时围栏，周边和进出口处设置醒目安全标志，指派专人看管，严禁非作业人员进入危险区域。

（2）应全面检查脚手架的绑扎、连墙件、支撑体系是否符合构造要求。根据检查结果补充脚手架工程安全施工方案中的拆除顺序和措施，编制脚手架的拆除方案，经批准后方可实施。

（3）拆除作业必须由上而下逐层进行，严禁上下同时作业、斩断整层绑扎材料后整层滑塌、整层推倒或拉倒。

（4）连墙件必须随脚手架逐层拆除，严禁先将连墙件整层或数层连墙件拆除后再拆除脚手架；分段拆除时高差不应大于 2 步；拆除脚手架的纵向水平杆、剪刀撑时，应先拆中间的绑扎点，后拆两头的绑扎点，由中间的拆除人员往下传递杆件。

（5）当脚手架拆至下部 7m 高度时，应先在适当位置设置临时抛撑加固后再拆除连墙件。

（6）拆下的脚手架各种杆件、脚手板等材料，应向下传递或用绳吊下，严禁抛掷至地面。运至地面的脚手架各种杆件，应及时清理，分品种、规格运至指定地点码放。

6.3 异形脚手架

6.3.1 构造形式

烟囱、水塔等圆形和方形构筑物施工时，如图 6-19 所示，一般等同正方形、六角形、八角形等多边形外脚手架，均采用双排或三排架，严禁使用单排架。

同其他脚手架一样，烟囱、水塔脚手架也由立杆、纵向水平杆、横向水平杆、剪刀撑等基本杆件组成。烟囱、水塔脚手架构造参数，见表 6-6。

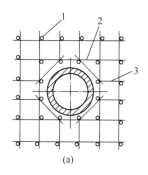 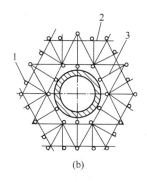

图 6-19 扣件式烟囱、水塔钢管外脚手架的平面形式

（a）正方形架子；（b）六角形架子

1—立杆；2—纵向水平杆；3—横向水平杆

烟囱、水塔脚手架构造参数 表 6-6

里排立杆距构筑物边（m）	立杆间距（m）		操作层横向水平杆间距（m）	纵向水平杆步距（m）
	横距	纵距		
0.4~0.5	≤1.5	≤1.4	≤1	≤1.2

6.3.2 搭设

烟囱（水塔）脚手架搭设时，场地应当清理干净，场地应平整、并保持排水畅通；脚手架的基土应夯实。按照放线标示放置垫板、安设底座，外侧自下而上每边均应设置剪刀撑，转角处必须设置抛撑。

平面形状为正方形或六角形的烟囱外脚手架，高度不宜超过 40m。烟囱架下大上小，搭设过程中应随其坡度相应收缩脚手架的平面几何尺寸。

平面形状为正方形或六角形的水塔外脚手架，应根据水箱直径大小搭设，脚手架采用三排架，如图 6-20 所示。

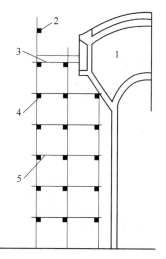

图 6-20 扣件式钢管水塔架的搭设形式

1—水塔；2—栏杆；3—脚手板；

4—纵向水平杆；5—横向水平杆

搭设的基本顺序要求是应先里排后外排，先转角处后中间，同一排里杆应齐直，相邻两排立杆接头应错开 1 步架。

（1）放线

根据方案设计图纸放线，具体要求如下：

1）正方形脚手架的放线：取出 4 根杆件，量出长度 L，做好记号并画上中点，然后把这 4 根杆在烟囱外围摆成正方形，4 根杆的中点与烟囱中心线对齐，调整杆件位置使两对角线长度相等。杆件垂直相交的 4 个角点即为 4 根里杆的位置,其他各立杆及外排立杆的位置随之即可确定。

通过计算可得,搭设正方形脚手架,里排架的长度等于烟囱直径加 2 倍的里排立杆到烟囱壁最近距离。例如:烟囱底直径为 3m,里排立杆到烟囱壁最近距离为 0.5m,则里排边长为 $3+2\times0.5=4m$。

2)六边形脚手架的放线:取出 6 根杆件,量出长度 L,做好记号并画上中点,然后把这 6 根杆在烟囱外围摆成六边形,6 根杆的中点与烟囱圆心对齐,6 个角点即为 6 根里杆的位置,其他各立杆及外排立杆的位置随之即可确定。

通过计算可得,当烟囱直径为 D,里排立杆到烟囱壁边最近距离为 0.5m,搭设六边形脚手架时,里排架的长度 $L=2\times(D/2+0.5)\times\tan\frac{\pi}{6}=(D/2+0.5)\times1.15$。例如:烟囱底直径为 3m,里排立杆到烟囱壁最近距离为 0.5m,则里排边长为 $L=(1.5+0.5)\times1.15=2.3m$。

(2)铺设垫板、安放底座、竖立杆

按照脚手架放线的立杆位置,铺设垫板和安放底座。垫板应当铺设平稳、不能悬空,底座位置必须准确。

竖立杆时,搭设第一步架子需要 6~8 人相互配合,先竖转角处的立杆,后竖中间立杆,同一排对齐对正。

相邻两立杆的接头不得在同一步架、同一跨间内。

(3)安放水平杆

立杆安放后应当立即安装纵、横向水平杆,纵向水平杆应当设置在立杆内侧。

接头应当相互错开,相互两接头的水平距离不小于 0.5m;相邻水平杆的接头不得在同一步架、同一跨间内。

横向水平杆端头与烟囱壁的距离应当控制在 100~150mm,不得顶住烟囱筒壁。

转角处应补加一根横向水平杆,使交叉搭接处形成稳定的三角形。

(4)安装剪刀撑、斜撑

脚手架每一外侧应当从底到顶设置剪刀撑,随搭设进度随时搭设。

剪刀撑的一根与立杆扣接固定,另一根应当与横向水平杆固定,最下一步剪刀撑应当落地并与地面呈 45°~60°角。

(5)安装缆风绳

架高 10~15m 时,应在脚手架各顶角处各设 1 道;以后每增加 10m 加设 1 组。

缆风绳应选用直径不小于 10mm 的钢丝绳,不得用钢筋代替,与地面夹角为 45°~60°,下端必须单独固定在地锚上。

(6)操作层搭设

操作层应满铺脚手板，设置防护栏杆和挡脚板。操作层下一步架亦应满铺脚手板或设置 1 道随层或层间的安全平网，以下每 10 步应当满铺 1 层。

6.4 外电防护架

为了防止架空外电线路使施工现场作业人员及有关起重机械设备造成意外触电，施工现场必须对其采取相应的防护措施，这种对外电线路触电伤害的防护称为外电线路防护。

6.4.1 基本要求

外电防护的主要措施是进行绝缘隔离，可采用木、竹或其他绝缘材料增设屏障、遮栏、围栏等与外电线路实现强制性绝缘隔离，这些措施通常都需要搭设一个架体，施工上将这种外电线路防护架简称为外电防护架。

（1）外电防护架必须由专业技术人员编制专项方案，经批准后方可实施。

（2）搭设外电防护架时，必须经有关部门批准，采用线路暂时停电或其他可靠的安全技术措施，并有电气工程技术人员和专职安全人员监护。

（3）外电防护架必须与外电线路保持一定的安全距离。安全距离不应小于表 6-7 所列数值。

防护架与外电线路之间的最小安全距离　　　　表 6-7

外电线路电压等级（kV）	≤10	35	110	220	330	500
最小安全距离（m）	1.7	2.0	2.5	4.0	5.0	6.0

（4）外电防护架应坚固、稳定，且对外电线路的隔离防护应达到《外壳防护等级（IP 代码）》GB/T 4208—2017 规定的 IP30 级，防护设施的缝隙能够防止直径 2.5mm 固体异物穿越。

（5）外电防护架不得采用金属等非绝缘材料架设。

6.4.2 构造形式

外电防护架构造形式如图 6-21～图 6-23 所示几种形式。其中，L 为防护设施与外电线路的最小安全距离，应满足表 6-7 防护设施与外电线路之间的最小安全距离的要求。

（1）在建工程若不超过高压线 2m 时，防护架可采用如图 6-21 所示形式。

（2）在建工程若超过高压线 2m 时，还要考虑超过高压线的作业层掉物可引起高压线短路且人员操作可触及高压线的危险，须设置顶部绝缘隔离防护设施，如图 6-22 所示。

（3）当建筑物外脚手架与高压线距离较近，无法单独设防护设施，则可以利用外

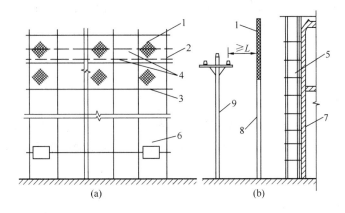

图 6-21　在建工程高于高压线不超过 2m 时的防护架

（a）正立面图；（b）侧立面图

1—防护屏障；2—防护架立杆；3—防护架水平杆；4—高压线；

5—建筑脚手架；6—警示牌；7—建筑物；8—防护架体；9—电线杆

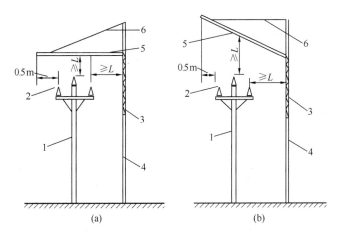

图 6-22　在建工程高于高压线超过 2m 时的防护方法

（a）水平防护斜拉式；（b）水平防护直拉式

1—电线杆；2—高压线；3—立面防护屏障；

4—立面防护架；5—水平防护架；6—水平防护架支撑拉索（杆）

脚手架防护立杆设置防护设施，即脚手架与高压线路平行的一侧用密目式安全网全部封闭，此侧面的钢管脚手架至少做 3 处可靠接地，接地电阻应小于 10Ω；同时，在与高压线等高的脚手架外侧面，挂设与脚手架外侧面等长，高 $3\sim4m$ 的细格金属网，并把此网用绝缘接地线进行 3 处可靠接地，接地电阻小于 10Ω。当建筑物超过高压线 2m 时，仍需搭设顶棚防护屏障。如在搭设顶棚防护设施有困难时，可在外架上直接搭设防护屏障到外架顶部，如图 6-23 所示。

（4）跨越架防护设施

起重吊装跨越高压线，不但立面需要防护，高压线上部也需要做水平防护，具体防护方法如图 6-24 所示。

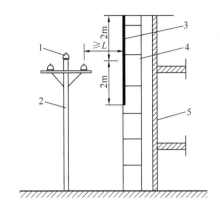

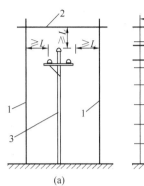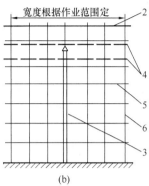

图 6-23　外脚手架与高压线
距离较近时防护方法
1—高压线；2—电线杆；3—防护屏障；
4—脚手架；5—建筑物

图 6-24　起重吊装跨越高压线防护方法
（a）防护架侧立面图；（b）防护架正立面图
1—立面防护架；2—顶面水平防护架；3—电线杆；
4—高压线；5—防护架水平杆；6—防护架立杆

6.4.3　搭设要点

（1）竖立杆应先挖杆坑，深度不小于 500mm，遇有土质松软，应设扫地杆。竖立杆时必须 2～3 人配合操作。

（2）纵向水平杆应搭设在立杆里侧，搭设第 1 步纵向水平杆时，必须检查立杆是否立正，搭设至 4 步时，必须搭设临时抛撑和临时剪刀撑。搭设纵向水平杆时，必须 2～3 人配合操作，由中间 1 人接杆、放平，由大头至小头顺序绑扎。

（3）剪刀撑杆子不得整绑，应贴在立杆上，剪刀撑下桩杆应选用粗壮较大杉篙，由下方人员找好角度后再由上方人员依次绑扎。剪刀撑上桩（封顶）橡子应大头朝上，顶着立杆绑在纵向水平杆上。

（4）两杆连接，其有效搭接长度不得小于 1.5m，两杆搭接处绑扎不少于 3 道。杉篙大头必须绑在十字交叉点上。相邻两杆的搭接点必须相互错开，水平及斜向接杆，小头应压在大头上边。

（5）递杆（拔杆）时上下、左右操作人员应协调配合，拔杆人员应注意不碰撞上方人员和已绑好的杆子，下方递杆人员应在上方人员接住杆子呼应后，方可松手。

（6）遇到两根杆交叉必须绑扣时，绑扎材料可用绑扎绳。如使用铅丝严禁碰触外电架空线。铅丝扣不得过松、过紧，应使 4 根铅丝敷实均匀受力，拧扣以 1.5 扣为宜，并将铅丝末端弯贴在杉篙外皮，不得外翘。

7 模板支撑架

模板工程是混凝土结构施工的重要组成部分。模板工程主要由两部分组成：一是面层模板部分，其主要功能是使混凝土成为一定的结构形状；二是模板支架部分，其主要功能是承受面层模板传来的荷载。现浇混凝土结构施工所用模板工程的造价占混凝土结构工程总造价的 25%～30%，占总用工量的 40%～50%。因此，采用先进的模板技术，对于提高工程质量、加快施工速度、提高劳动生产率、降低工程成本和实现安全施工，都具有十分重要的意义。

我国的模板技术，自 20 世纪 70 年代提出"以钢代木"的技术政策以来，现浇混凝土结构所用模板技术已迅速向多体化、体系化方向发展，已形成组合式、工具式、永久式三大系列工业化模板体系。

7.1 模板支撑架的概念

模板支撑架是用于混凝土浇筑而搭设的承力支架，承担由模板面板传来的荷载。其作用是承受模板、钢筋、新浇捣的混凝土和施工作业人员、施工工具等的重量；保证模板面板的形状和位置不改变。

模板支撑架通常采用脚手架的杆（构）配件搭设，按脚手架结构计算。

7.1.1 模板支撑架的类型

建筑工程中主要有柱、梁、楼板和墙板等混凝土工程。因此，按工程结构类型来划分模板工程，主要包括：梁板模板工程、框架结构模板工程、框剪结构模板工程、板墙结构模板工程、框筒结构模板工程和特种特型结构模板工程等。

用脚手架材料可以搭设各类模板工程的模板支撑架，包括梁模、板模、梁板模和箱基模等，并大量用于梁板模板的支架中。在板模和梁板模支架中，模板支架搭设高度高于 8.0m 的，称为"高支撑架"，如饭店大堂、剧院、演播厅等的楼屋盖模板工程，其结构复杂，施工技术和安全要求较高；有早拆要求及其装置的，称为"早拆模板体系支撑架"。

模板支撑架的类型一般根据支撑架竖向荷载传递的方式来划分：

（1）支柱式支撑架：由支柱承载的构架。

（2）片（排架）式支排架：由一排有水平拉杆联结的支柱形成的构架。

（3）双排支撑架：由两排立杆形成的支撑架。

（4）空间框架式支撑架：由多排立杆或满堂脚手架设置的空间构架。

根据上述支撑架的划分方式，按照支撑架的构造做法和使用的材料，支撑架可分为：扣件式钢管模板支架、碗扣式钢管模板支架、门式钢管模板支架和木结构模板支架等。

7.1.2 模板支撑架的构造要求

模板及其支撑架的基本构造要求是：应具有足够的承载能力、刚度和稳定性；能可靠地承受浇筑混凝土的重量、侧压力及施工荷载；要保证工程结构和构件各部分形状尺寸和相互位置的正确；构造简单，装拆方便，能够多次周转使用；便于钢筋的绑扎和安装，符合混凝土的浇筑及养护等工艺要求。另外，设计模板及其支撑架时，应特别注意确保以下三点：

（1）承力点应设在支柱或靠近支柱处，避免水平杆跨中受力。

（2）充分考虑施工中可能出现的最大荷载作用，并确保其仍有 2 倍的安全系数。

（3）支柱的基底绝对可靠，不得发生严重沉降变形。

7.2 扣件式钢管模板支架

扣件式钢管模板支架系统主要由钢管和扣件组成。其特点是装拆灵活，搬运方便，通用性强，不用加工，立柱和大横杆的间距不受模数限制等。

扣件式钢管支架的缺点是：横、竖、斜杆件之间有偏心，对立柱受压有不利影响；由于连接点主要依靠拧紧螺栓之后扣件与钢管的摩擦力，节点处的连接力受扣件螺栓拧紧程度的影响，因而其搭设质量有人为因素影响；由于立柱受弯压力作用，步距和搭设高度受立柱的长细比制约。

7.2.1 扣件式钢管模板支架的构造

如图 7-1 所示，为扣件式钢管高大模板支架构造示意图。从图中可以看出，扣件式钢管模板支架系统的基本构造形式与扣件式钢管脚手架一样，主要由地基、垫板、底座、立杆、扫地杆、剪刀撑、斜撑和水平杆等构成；不同的是剪刀撑、斜撑要比脚手架复杂得多，顶部要设可调托撑，水平杆要加密，多数情况下周围无结构可做可靠连接。

模板支撑架各主要构配件的名称及其作用如下：

（1）垫板：设于钢底座下的支承板。主要作用是承受底座传来的荷载，并防止模板支架不均匀沉降。

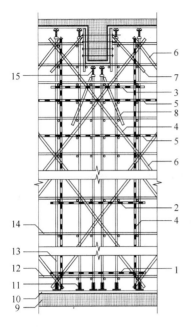

图 7-1 扣件式钢管高大
模板支架构造示意图
1—单元体底部水平剪刀撑；2—单元体中部水平剪刀撑；3—单元体顶部水平剪刀撑；4—加强单元体的 4 个立面设置从底到顶连续式竖向剪刀撑；5—架体高度大于 20m 时，顶部 2 步距纵横向水平杆之间增加 2 道纵横向水平杆；6—多个加强单元体 4 个立面之间设置从底到顶连续式竖向剪刀撑；7—梁侧增设斜撑；8—大梁底立杆两侧增设加强斜撑；9—地基；10—垫板；11—底座；12—扫地杆；13—立柱；14—水平杆；15—可调托撑

（2）底座：设于立杆底部的钢底座。主要作用是均匀承受模板支架立柱传来的荷载。

（3）扫地杆：贴近地面，连接立杆根部沿纵、横向设置的水平杆。主要作用是保证模板支架立杆底部的整体稳定，防止不均匀沉降。

（4）立柱：相当于脚手架中的立杆，直接支撑主楞或托撑的受压杆件。

（5）水平杆：又称为水平拉杆，沿架体纵、横向设置的水平杆。主要作用是保证模板支架的整体稳定，控制支架立杆长细比，提高支架整体承载能力。

（6）水平剪刀撑：在模板支架水平方向设置的交叉斜杆。主要作用是保证模板支架的整体刚度，防止支架横向位移。

（7）纵、横向竖向剪刀撑：在模板支架垂直方向成对设置的交叉斜杆。主要作用是保证模板支架的整体刚度，防止支架侧向位移。

（8）可调托撑：插于立杆顶部能够调整支托高度的顶撑。主要作用是直接承受主、次楞传来的荷载，并可调整各立杆的支撑高度。

7.2.2 扣件式钢管模板支架的搭设

1. 扣件式钢管模板支架搭设的基本要求

（1）模板支架搭设的作业处应有可靠的立足作业面。支拆 3m 以上高度的模板时，应搭设脚手架工作台；高度不足 3m 的可用移动式高凳。不得站在水平、剪刀撑和支撑等杆件上操作，也不得在梁底模上行走操作。

（2）钢管、门架、木杆等支架立柱不得混用。

（3）搭设顺序：根据支架布置图，依次放置垫木、底座，再根据杆件组合情况搭设立柱和水平杆，之后增设纵横向剪刀撑，以保证支架的稳定。支架立柱顶部上端放置可调式顶托，顶托上纵向放置模板主楞，主楞上放置次楞，主次楞分布间距应当均匀。最后通过顶托调整标高，铺设梁板底模。

（4）架体高度不得超过 30m，高宽比不得大于 3。若工程实际情况受结构条件限制，其高宽比大于 3 时，架体四周应设置连墙件以保证架体的稳定。

（5）高大模板支架的剪刀撑应随立柱、横杆同步搭设。当杆件较密，剪刀撑不易全部搭设时，可以设置足够密度的斜撑。

2. 地基

模板支架的地基应满足下列规定和要求：

（1）地基基础强度必须满足支模施工和计算要求，验收合格后按施工方案的要求放线定位。

（2）模板支架支撑在地面时，基土应坚实并有排水措施。

1）支撑在湿陷性黄土地面时，应有防水措施。

2）支撑在冻胀性土地面时，应有防冻融措施。

3）地基土达不到承载要求，应对地基部分采取分层回填夯实基土、浇注混凝土垫层或设置桩基等措施进行加固处理。

（3）为了防止施工过程中地基沉降或支架受荷变形对现浇混凝土结构施工质量和支架稳定的影响，对于以下情况应对支架单元和地基进行预压试验：

1）有可能发生地基沉降变形。

2）在回填土上搭设模板支架。

3）相邻地基承载力有较大差别。

4）高大、复杂和荷载较大的模板支架系统。

（4）模板支架支撑在屋面、楼面等建筑、构筑物上时，应进行验算，并满足下列要求：

1）下层楼板应当具有承受上层施工荷载的承载能力，否则应支撑支架。

2）上层支架立柱应当对准下层支架立柱，尽可能保持上下层支柱在同一竖向中心线上，并应在立柱底铺设垫板。

3. 底座与垫板

模板支架立柱底部应设置底座及垫板。

（1）底座：底座可采用锻铸铁制造或焊接制作的扣件式钢管脚手架底座。底座的承载力不应小于40kN。焊接底座一般用厚度不小于8mm，边长150～200mm的钢板，上焊高度不小于150mm的钢管。

（2）垫板：垫板应有足够的强度和支撑面积，且应中心承载。垫板应当采用木板，也可以采用槽钢，禁止使用砖及脆性材料铺垫。

木垫板长度一般不少于2个立柱间距，宽度为200mm，厚度不小于50mm。通常情况下，使用冷底子油等做防腐处理，两端头使用8号镀锌铅丝绑扎两道，以防止开裂。

4. 支架立柱

支架立柱搭设应符合下列规定：

（1）模板支架立柱间距应根据计算确定，楼板底间距通常为0.8～1.2m。

（2）梁和楼板模板支架立柱，纵横间距应当相等或成倍数。

（3）当立柱底部不在同一高度时，高处的纵向（或横向）扫地杆应向低处延长不少于 2 跨，高低差不得大于 1m，立柱距边坡上边缘不得小于 0.5m。

（4）立柱严禁搭接接长，必须采用对接扣件连接，相邻两立柱的对接接头不得在同步内，且对接接头沿竖向错开的距离不小于 500mm，各接头中心距主节点不宜大于步距的 1/3。

（5）严禁通过水平杆传递竖向荷载，梁和板底的主楞不能直接放置在水平杆上，必须由钢管立柱上的可调支托直接承受上部荷载；不得将上段的钢管立柱与下端钢管立柱错开固定在水平拉杆上。

（6）支架立柱应垂直设置，2m 高度的垂直度允许偏差为 15mm；如设计有规定，支架立柱与垂线呈一定角度倾斜或支架立柱的基础表面倾斜时，应采取可靠措施确保支点稳定。

（7）当梁底立柱均在梁宽范围以内时，应按照如下方式设置梁底立柱：当梁模板支架立柱采用 1 道立柱时，立柱应设在梁模板中心线处，其偏心距不应大于 25mm；当梁底立柱为 2 道时，立柱应设在梁截面宽度的 1/4 点处，即立柱横距为 1/2 梁宽；当梁底立柱为 3 道时，立柱应设在梁截面宽度的 1/6 点处，即立柱横距均为 1/3 梁宽；当梁底立柱为 4 道时，立柱应设在梁截面宽度的 1/8 点处，即立柱横距均为 1/4 梁宽。

（8）对于梁下设置立柱的支架，当梁侧立杆顶至楼板底时，梁侧立柱距离梁侧面宜为 300~400mm。

（9）处于梁下部的支架立柱，必须按荷载计算来采取立柱间距加密措施。如遇支架立柱间距过密而不便于施工操作时，也可采用双立柱支架；双立柱每层高度内相邻立柱的接头应错开设置，立柱的接头位置应避开架体中间 1/3 高度范围内，立柱接头应采用对接扣件，且上、下各加 1 个旋转扣件。

（10）当支架高度超过 5m 时，应在立柱周圈外侧和中间有结构柱的部位，按水平间距 6~9m、竖向间距 2~3m 与建筑结构设置一个固结点。

5. 扫地杆、水平拉杆

扫地杆、水平拉杆的搭设应符合下列规定：

（1）钢管立柱的扫地杆、水平拉杆应当用直角扣件固定在立柱上；剪刀撑应用旋转扣件与钢管立柱扣牢。

（2）在立柱距地面 200mm 高处，沿水平方向按纵下横上的程序设扫地杆。

（3）可调托撑底部的立柱顶端应沿纵横向设 1 道水平拉杆，水平拉杆距托撑底部不得大于 500mm。

（4）扫地杆与顶部水平拉杆之间的距离，在满足模板设计所确定的水平拉杆步距要求条件下，进行平均分配确定步距后，在每一步距处纵横向应各设 1 道水平拉杆。

1）模板支架水平拉杆的步距应根据计算决定，通常为 1.2~1.8m。

2）所有水平拉杆的端部均应与四周建筑结构顶紧顶牢；无处可顶时，应在水平拉杆端部和中部沿竖向设置连续式剪刀撑。

在混凝土框架、剪力墙等结构施工中，应充分利用框架柱、剪力墙等结构的作用；框架柱、剪力墙等结构的模板及其支架不应过早拆除，应和梁板模板支架结构形成刚性连接的统一整体；同时，应在框架柱、剪力墙等结构混凝土具备足够的强度后，再进行梁板混凝土的浇筑。

3）如图7-2所示，当层高在8～20m时，在最顶步距两水平拉杆中间应增加1道纵横水平拉杆。

4）当层高大于20m时，在最顶两步距水平拉杆中间应分别增加1道纵横水平拉杆。

（5）扫地杆、水平拉杆应采用对接扣件连接。

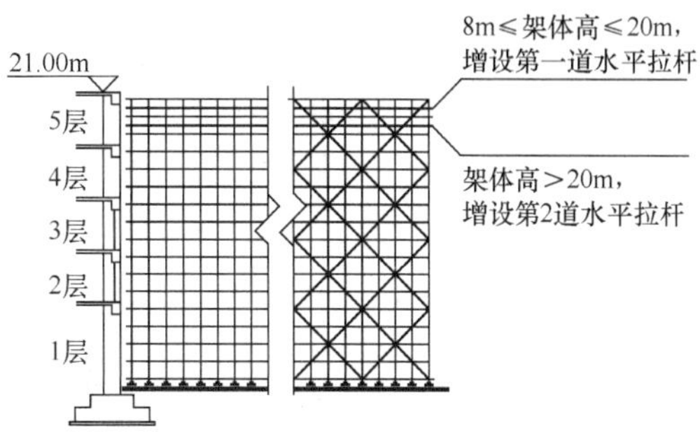

图 7-2　高大模板支架顶步增设水平拉杆示意图

6. 可调托撑

立柱顶部应当设置可调托撑，可调托撑托板尺寸通常为100mm×100mm，两侧翼缘高度不小于20mm，钢板厚度应为5mm以上，其抗压承载力不低于40kN。可调托撑与模板主楞如有间隙必须楔紧；螺杆伸出钢管顶部不得大于200mm，螺杆外径与立柱钢管内径的间隙不得大于3mm，安装时应保证上下同心。立柱下端不得使用可调底座。

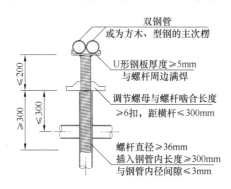

图 7-3　可调托撑构造图

可调托撑的基本构造形式，如图7-3所示。一般情况下，可调托撑螺杆直径应为36mm以上，插入立柱内的长度不得小于300mm，可调托撑丝杆与螺母啮合长度不得少于6扣；U形托板厚度≥5mm，托板底与螺杆周边满焊。

模板支架顶部可调托座上方主楞、次楞为木材质的，其材质应符合现行国家标准《木结构设计规范》GB 50005—2017中Ⅱa级材质的规定。主楞木方截面不应小于100mm×100mm，次楞木方截面不应小于50mm×100mm。主楞采用ϕ48.3mm×3.6mm脚手架钢管时，应用双钢管且双管间应采取固定措施避免滑动。主楞、次楞为型钢或双钢管的，其材质均应符合《碳素结构钢》GB/T 700—2006、《钢管脚手架扣件》GB 15831—2006的相关规定。

7. 剪刀撑

为保证模板支撑架的整体稳定性，在设置纵、横向水平拉杆同时，必须设置剪刀撑。剪刀撑包括：竖直方向剪刀撑和水平方向剪刀撑。按剪刀撑斜杆连接固定方式可分为：刚性斜撑和柔性斜撑。柔性斜撑是采用钢筋、铅丝、钢绞线等材料设置的拉杆，必须交叉布置，并且每根拉杆均要设置花篮螺栓，以保证拉杆不松弛，如图 7-4 所示。

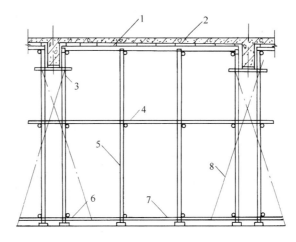

图 7-4　柔性斜撑

1—钢模；2—次楞（40mm×60mm 方木或 ϕ48.3×3.5 钢管）；3—梁下横楞；

4—水平拉杆；5—立杆；6—底座；7—扫地杆；8—柔性剪刀撑

剪刀撑斜杆大量的连接固定方式是刚性斜撑，即采用扣件将斜杆与支撑架中的立杆或水平杆连接，下面是常用刚性剪刀撑的连接构造。

（1）楼盖结构形式为无梁楼盖、密肋梁楼盖、模壳楼盖、叠合箱网梁楼盖等时，宜按照如下满堂模板和共享空间模板支架的搭设构造要求设置剪刀撑：

1）如图 7-5 和图 7-6 所示，当建筑层高小于 8m 时，在模板支架外侧周圈应设由下

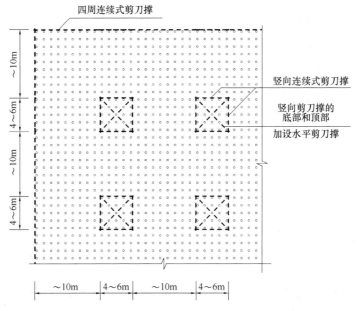

图 7-5　模板支架高度小于 8m 时剪刀撑布设平面示意图

至上的竖向连续式剪刀撑；中间在纵横向应每隔 10m 左右设由下至上的竖向连续式剪刀撑，其宽度宜为 4～6m，并在剪刀撑部位的顶步水平杆、底部扫地杆处设置水平剪刀撑。

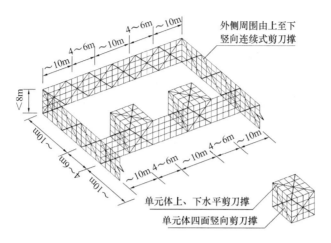

图 7-6　模板支架高度小于 8m 时剪刀撑布设轴测示意图

2）如图 7-7 和图 7-8 所示，当建筑层高在 8～20m 时，除应满足上述规定外，还应在纵横向相邻的两竖向连续式剪刀撑之间增加"之"字形斜撑，连续式"之"字形斜撑设置在中间单元体的 4 个立面上，互相连接，平面呈"井"字形布置；在有水平剪刀撑的部位，应在每个剪刀撑中间处增加 1 道水平剪刀撑。

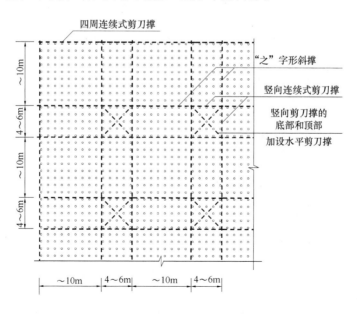

图 7-7　模板支架高度在 8～20m 时剪刀撑布设平面示意图

3）如图 7-9 和图 7-10 所示，当建筑层高超过 20m 时，在满足以上规定的基础上，

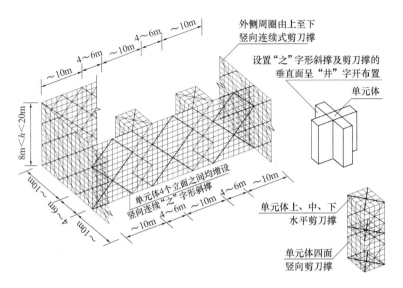

图 7-8　模板支架高度在 8～20m 时剪刀撑布设轴测示意图

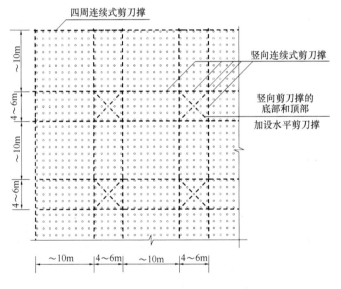

图 7-9　模板支架高度大于 20m 时剪刀撑布设平面示意图

应将所有"之"字形斜撑全部改为连续式剪刀撑，连续式竖向剪刀撑设置在中间单元体的 4 个立面上，互相连接，平面呈"井"字形布置。

（2）楼盖结构形式为主次梁框架、大截面梁转换层框架、高大跨度梁楼盖、预应力梁等时，宜按照如下方式设置剪刀撑。

1）竖向剪刀撑：模板支架四周满布剪刀撑；中间每隔 4 排立杆设置 1 道纵、横向剪刀撑，并应设置在梁下，尽量与梁底立杆连接；竖向剪刀撑均由底至顶连续设置。

2）水平剪刀撑：不超过 4m 高的模板支架，应在架体的四周与中间每隔 4 排立杆，

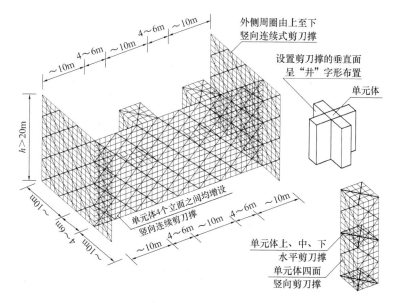

图 7-10　模板支架高度大于 20m 时剪刀撑布设轴测示意图

底层和顶层各设置 1 道水平剪刀撑；超过 4m 高的模板支架，应在架体的四周与中间每隔 4 排立杆，从顶层开始向下每隔 2 步设置 1 道水平剪刀撑；各道水平剪刀撑之间成平面"井"字形布置。

（3）竖向剪刀撑杆件的底端应与地面顶紧，夹角宜为 45°～60°；水平剪刀撑设在纵横向水平杆的水平面上与纵横向水平杆的夹角为 45°～60°。

（4）剪刀撑应采用搭接，搭接长度不得小于 500mm，并应采用 2 个旋转扣件分别在离杆端不小于 100mm 处进行固定。

（5）剪刀撑应当用旋转扣件固定在立柱或水平杆上。

（6）有以下情况时，需要另行增设加固型剪刀撑：

1）单根立杆承受荷载大于或等于 15kN 的，应沿此立杆的排列方向设置竖向剪刀撑。

2）楼盖高度有错层变化，下部架体相连，上部架体有相应的高低差处，应在架体高度变化处增设竖向剪刀撑，由底至顶连续设置。

3）由于地基承载力不同或地基有不同的沉降变形趋势时，应在地基变化处增设竖向剪刀撑，由底至顶连续设置。

4）地基有高低差变化超过 1 个步距的，应在此变化处增设竖向剪刀撑，由底至顶连续设置。

7.2.3　扣件式钢管模板支架的验收

模板及其支撑架安装施工前，应建立模板支架的验收制度。模板工程安装后，应由项目经理或技术负责人组织质检员、安全员和搭设班组长进行自检；自检合格后，应报请项目监理单位，由项目总监组织建设单位、监理单位和施工单位相关人员参加模板支架的验收。验收时，主要依据规范、标准和施工方案进行。对验收结果应逐项认真填写，并记录存在问题和整改后合格的情况。重点查立柱的间距、步距、接头、扣件紧固力、垂直度、基础等是否满足设计要求，立柱的纵横水平拉杆、扫地杆、剪刀撑、斜撑等构造方面是否达到了要求。没有达到设计要求和规范要求时，必须返工或采取有效措施加固。整改后要重新组织验收，验收要做记录，有会签。未经验收，支架不得使用。

7.2.4 扣件式钢管模板支架的拆除

1. 拆除前的准备工作

（1）拆模前必须有拆模申请，经审批后，方可拆除。

（2）现浇整体模板拆除之前，必须经验算复核，对照拆除的部位查阅混凝土强度试验报告，达到拆模强度的方可进行。

1）承重结构应按照不同的跨度确定其拆模强度。

2）预应力结构必须达到张拉强度，并张拉、灌浆完毕，方可拆模。

（3）作业人员必须戴安全帽、系安全带、穿防滑鞋。

（4）拆除楼层外边模板时，应有防高空坠落及防止模板向外翻倒的措施。

（5）拆除作业应当设专人指挥，在模板拆装区域周围，设置围栏，挂明显的标志牌，派专人监护，禁止非作业人员进入警戒范围内。

（6）拆除4m以上模板时，应搭脚手架或工作台，并设防护栏杆。

（7）严禁站在悬臂结构上敲拆底模。

（8）拆基础及地下工程模板时，应先检查基坑土壁状况，如有不安全因素时，必须采取相应安全措施后，方可作业。拆除的模板和支撑件不得在基坑上口1m以内堆放，应随拆随运走。

2. 模板支架的拆除

（1）模板及其支架拆除顺序一般应遵循"先拆上后拆下，先支的后拆，后支的先拆，一步一清"的原则，并不得损伤构件或模板。

（2）部件拆除的顺序与安装顺序相反。

（3）先拆非承重部位，后拆承重部位。

（4）拆模时，应逐块拆卸，不得成片松动、撬落或拉倒，严禁作业人员在同一垂直面上下同时作业。

（5）肋形楼盖应先拆柱模板，再拆楼板底模、梁侧模板，最后拆梁底模板。

（6）拆除跨度较大的梁下支柱时，应先从跨中开始分别拆向两端；侧立模应自上而下进行拆除。

（7）后浇带两侧的模板支架应在左右分别予以保留 2 排立柱。

（8）普通多层楼板模板支柱的拆除：

1）当上层模板正在浇筑混凝土时，下一层楼板的支柱不得拆除，再下一层楼板支柱，仅可拆除一部分。

2）跨度在 4m 及以上的梁，均应保留支柱，其间距不得小于 3m；其余再下一层楼的模板支柱，当楼板混凝土达到设计强度时，方可全部拆除。

3）当立柱的水平拉杆超过 2 层时，应当先拆除 2 层以上的拉杆，最后一道拉杆与立柱同时拆除。

（9）当施工超重楼层转换层梁板结构时，下部各层支架的拆除时间，应由结构计算决定。

（10）拆除高大模板支架时，纵横竖向及水平剪刀撑应滞后于其他杆件拆除，连墙件等固定措施必须最后拆除。

3. 模板支架拆除注意事项

（1）拆除使用的扳手等工具必须装入工具袋或系挂在身上，防止高处坠落伤人。

（2）作业人员应当有足够的安全的作业面及可靠的立足点；拆模时，临时脚手架必须牢固，不得用拆下的模板作脚手架。

（3）拆除时不要用力过猛、过急；任何人员不得站在正在拆卸的模板下方。

（4）拆卸下的模板、配件等严禁高空抛掷；传递模板、工具，应用运输工具或绳索系牢后升降；徒手作业时，应当逐次传递到地面。

（5）拆卸下来的模板、杆件、木料等应整理好及时运走，做到工完场清。

（6）多人同时操作时，应当明确分工、统一信号、统一指挥、统一行动。

（7）在拆除模板过程中，如发现混凝土有影响结构安全的质量问题时，应暂停拆除。经处理后，方可继续拆除。

（8）拆除立柱时，严禁采用将梁底模板与立柱连在一起整体拉倒的方法拆除。

（9）拆模必须一次性拆净，不得留有无撑模板。

（10）拆模间歇时，应将已活动的模板、杆件、支撑等运走或妥善固定堆放。

（11）混凝土板有预留孔洞时，拆模后，应随时在其周围做好安全护栏，或用板将孔洞盖住。

（12）模板施工使用的电动工具，应采用安全电压，临时用电应符合"一机一闸一保护"要求。

（13）定型全钢大模板拆模起吊前，应检查对拉螺栓是否拆净，在确无遗漏并保证模板与墙体完全脱离后方准起吊。

（14）当拆除钢楞、木楞、钢桁架时，应在其下面临时搭设防护支架，使所拆楞梁及桁架先落在临时防护支架上。

（15）拆模后，模板或木楞上的钉子，应及时拔除或敲平，防止钉子扎脚。

（16）遇到 6 级及以上大风时，应停止室外的高处作业。雨、雪、霜后应先清扫施工现场，方可进行工作。

7.3 碗扣式钢管模板支架

碗扣式钢管支撑架采用碗扣式钢管脚手架系列构件搭设。目前广泛应用于现浇钢筋混凝土墙、柱、梁、楼板、桥梁、地道桥和地下行人道等工程。

在高层建筑现浇混凝土结构施工中，常将碗扣式钢管支撑架与早拆模板体系配合使用。

7.3.1 碗扣式钢管支撑架构造

碗扣式钢管模板支撑架是由立杆垫座（或立杆可调座）、立杆、顶杆、可调托撑、水平杆和斜杆（或斜撑、剪刀撑）等组成，一般搭设高度不宜超过 30m。

1. 立杆

立杆间距应通过设计计算确定，并应符合下列规定：

（1）当立杆采用 Q235 级材质钢管时，立杆间距不应大于 1.5m。

（2）当立杆采用 Q345 级材质钢管时，立杆间距不应大于 1.8m。

2. 水平杆

水平杆步距应通过设计计算确定，并应符合下列规定：

（1）步距应通过立杆碗扣节点间距均匀设置。

（2）当立杆采用 Q235 级材质钢管时，步距不应大于 1.8m。

（3）当立杆采用 Q345 级材质钢管时，步距不应大于 2.0m；

（4）对安全等级为Ⅰ级的模板支撑架，架体顶层两步距应比标准步距缩小至少一个节点间距，但立杆稳定性计算时的立杆计算长度应采用标准步距。

3. 连墙杆

当有既有建筑结构时，模板支撑架应采用连墙杆与既有建筑结构可靠连接，并应符合下列规定：

（1）连接点竖向间距不宜超过两步，并应与水平杆同层设置。

（2）连接点水平向间距不宜大于 8m。

（3）连接点至架体碗扣主节点的距离不宜大于 300mm。

（4）当遇柱时，宜采用抱箍式连接措施。

（5）当架体两端均有墙体或边梁时，可设置水平杆与墙或梁顶紧。

4. 可调托撑

（1）模板支撑架每根立杆的顶部应设置可调托撑。当被支撑的建筑结构底面存在坡度时，应随坡度调整架体高度，可利用立杆碗扣节点位差增设水平杆，并应配合可调托撑进行调整。

（2）立杆顶端可调托撑伸出顶层水平杆的悬臂长度不应超过650mm，如图 7-11 所示。可调托撑和可调底座螺杆插入立杆的长度不得小于 150mm，伸出立杆的长度不宜大于 300mm，安装时其螺杆应与立杆钢管上下同心，且螺杆外径与立杆钢管内径的间隙不应大于 3mm。

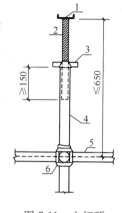

图 7-11　立杆顶端可调托撑

1—托座；2—螺杆；3—调节螺母；4—立杆；5—顶层水平杆；6—碗扣节点

（3）可调托撑上主楞支撑梁应居中设置，接头宜设置在 U 形托板上，同一断面上主楞支撑梁接头数量不应超过 50%。

5. 竖向斜撑

模板支撑架应设置竖向斜撑杆，并应符合下列规定：

（1）安全等级为Ⅰ级的模板支撑架应在架体周边、内部纵向和横向每隔 4～6m 各设置一道竖向斜撑杆，如图 7-12（a）所示；安全等级为Ⅱ级的模板支撑架应在架体周边、内部纵向和横向每隔 6～9m 各设置一道竖向斜撑杆，如图 7-13（a）所示；

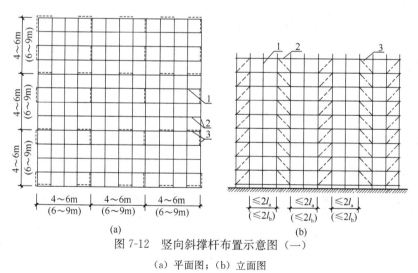

图 7-12　竖向斜撑杆布置示意图（一）

（a）平面图；（b）立面图

1—立杆；2—水平杆；3—竖向斜撑杆

（2）每道竖向斜撑杆可沿架体纵向和横向每隔不大于两跨在相邻立杆间由底至顶连续设置，如图 7-12（b）所示；也可沿架体竖向每隔不大于两步距采用"八"字形对称设置，如图 7-13（b）所示，或采用与图 7-12（b）的等覆盖率的其他设置方式。

（3）当采用钢管扣件剪刀撑代替竖向斜撑杆时，应符合下列规定：

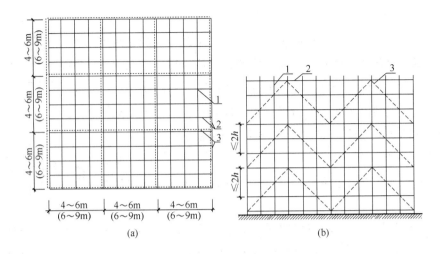

图 7-13　竖向斜撑杆布置示意图（二）

（a）平面图；（b）立面图

1—立杆；2—水平杆；3—竖向斜撑杆

1）安全等级为Ⅰ级的模板支撑架应在架体周边、内部纵向和横向每隔不大于 6m 设置一道竖向钢管扣件剪刀撑。

2）安全等级为Ⅱ级的模板支撑架应在架体周边、内部纵向和横向每隔不大于 9m 设置一道竖向钢管扣件剪刀撑。

3）每道竖向剪刀撑应连续设置，剪刀撑的宽度宜为 6～9m。

6. 水平斜撑

模板支撑架应设置水平斜撑杆，如图 7-14 所示，并应符合下列规定：

（1）安全等级为Ⅰ级的模板支撑架应在架体顶层水平杆设置层、竖向每隔不大于 8m 设置一层水平斜撑杆；每层水平斜撑杆应在架体水平面的周边、内部纵向和横向每隔不大于 8m 设

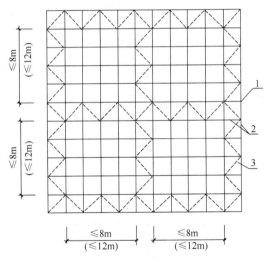

图 7-14　水平斜撑杆布置图

1—立杆；2—水平杆；3—水平斜撑杆

置一道。

（2）安全等级为Ⅱ级的模板支撑架宜在架体顶层水平杆设置层设置一层水平剪刀撑；水平斜撑杆应在架体水平面的周边、内部纵向和横向每隔不大于 12m 设置一道。

（3）水平斜撑杆应在相邻立杆间呈条带状连续设置。

（4）当采用钢管扣件剪刀撑代替水平斜撑杆时，应符合下列规定：

1）安全等级为Ⅰ级的模板支撑架应在架体顶层水平杆设置层、竖向每隔不大于

8m 设置一道水平剪刀撑。

2）安全等级为Ⅱ级的模板支撑架宜在架体顶层水平杆设置层设置一道水平剪刀撑。

3）每道水平剪刀撑应连续设置，剪刀撑的宽度宜为6～9m。

7. 门洞

当模板支撑架设置门洞时，如图7-15所示，为增加跨度，部分立杆须悬空，支撑架应能够满足悬空立杆承担荷载和传递荷载的要求，另外，要保证支撑架的整体稳定。为此，需要增加相应的支撑架构配件，主要包括：加密立杆、纵向分配梁、横向分配梁、转换横梁。当用于车行通道时，还应设置警示和防撞设施等。

碗扣式模板支撑架门洞设置应符合下列规定：

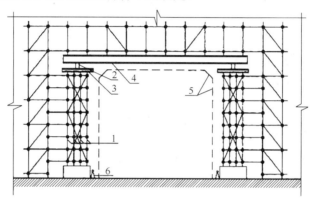

图 7-15 门洞设置

1—加密立杆；2—纵向分配梁；3—横向分配梁；4—转换横梁；

5—门洞净空（仅车行通道有此要求）；6—警示及防撞设施（仅用于车行通道）

（1）门洞净高不宜大于5.5m，净宽不宜大于4.0m；当需设置的机动车道净宽大于4.0m或与上部支撑的混凝土梁体中心线斜交时，应采用梁柱式门洞结构。

（2）通道上部应架设转换横梁，横梁设置应经过设计计算确定。

（3）横梁下立杆数量和间距应由计算确定，且立杆不应少于4排，每排横距不应大于300mm。

（4）横梁下立杆应与相邻架体连接牢固，横梁下立杆斜撑杆或剪刀撑应加密设置。

（5）横梁下立杆应采用扩大基础，基础应满足防撞要求。

（6）转换横梁和立杆之间应设置纵向分配梁和横向分配梁。

（7）门洞顶部应采用木板或其他硬质材料全封闭，两侧应设置防护栏杆和安全网。

（8）对通行机动车的洞口，门洞净空应满足既有道路通行的安全界限要求，且应按规定设置导向、限高、限宽、减速、防撞等设施及标识、标示。

7.3.2 碗扣式钢管支撑架搭设

碗扣式钢管模板支撑架应按先立杆、后水平杆、再斜杆的顺序搭设形成基本架体单元，并应以基本架体单元逐排、逐层扩展搭设成整体支撑架体系，每层搭设高度不宜大于3m。

1. 施工准备

（1）根据工程施工要求，选定支撑架的构造形式及尺寸，画出组装图。

（2）按支撑架高度选配立杆、顶杆、可调底座和可调托撑，列出材料明细表。

（3）撑架地基处理要求以及放线定位、底座安放的方法均与碗扣式钢管脚手架搭设的要求及方法相同。除架立在混凝土等坚硬基础上的支撑架底座可用立杆垫座外，其余均应设置立杆可调底座。在搭设与使用过程中，应随时注意基础沉降；对悬空的立杆，必须调整底座，使各杆件受力均匀。

2. 支撑架搭设

（1）树立杆

立杆安装同脚手架。第一步立杆的长度应一致，使支撑架的各立杆接头在同一水平面上，顶杆仅在顶端使用，以便能插入底座。

（2）安放横杆和斜杆

横杆、斜杆安装同脚手架。在支撑架四周外侧设置斜撑杆，如图7-12～图7-14所示；斜撑杆可在框架单元的对角节点布置，也可以错节设置。

（3）安装横托撑。横托撑可用作侧向支撑，设置在横向水平杆层，并两侧对称设置。如图7-16所示，横托撑一端由碗扣接头同横杆、支座架连接，另一端插上可调托座，安装支撑横梁。

（4）支撑柱搭设。支撑柱由立杆、顶杆和0.3m横向水平杆组成（横杆步距0.6m），其底部设支座，顶部设可调座，如图7-17所示，支柱长度可根据施工要求确定。

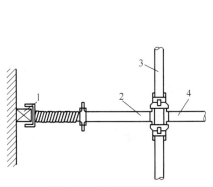

图7-16 横托撑的设置

1—支撑横梁；2—可调横托撑；

3—立杆；4—横向水平杆

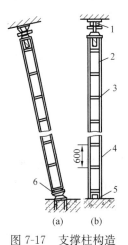

图7-17 支撑柱构造

（a）斜支撑柱；（b）竖直支撑柱

1—支撑柱可调座；2—顶杆；3—横向水平杆；

4—立杆；5—支撑柱垫座；6—支撑柱转角座

支撑柱下端装普通垫座或可调垫座，上端装入支撑柱可调座，如图 7-17（b）所示，斜支撑柱下端可采用支撑柱转角座，其可调角度为±10°，如图 7-17（a）所示，并用地锚将支撑柱转角座底部固定牢固。

支撑柱的允许荷载随高度的加大而降低：$H<5m$ 时，为 140kN；$5m<H<10m$ 时，为 120kN；$10m<H<15m$ 时，为 100kN。当支撑柱间用横向水平杆连成整体时，其承载能力将会有所提高。支撑柱也可以预先拼装，在现场整体吊装可提高搭设速度。

3. 支撑架搭设检查

支撑架搭设到 3～5 层时，应检查每个立杆（柱）底座下是否浮动或松动，否则应旋紧可调底座或用薄铁片填实。

碗扣式模板支撑架由于所使用的杆件、工具及搭设方法等与碗扣式脚手架相类似，搭设过程中的检查验收、搭设后的检查验收以及使用管理可参照碗扣式脚手架执行。

7.4 门式钢管模板支架

门式钢管模板支架是采用门式钢管脚手架的门架、交叉支撑等配件搭设的。门架的立柱管径为 $\phi42mm\times2.5mm$ 或 $\phi48.3mm\times3.6mm$，并配置有相应的扣件、连接件等。也可采用专门适用搭设支撑架的"CZM""GMZ"等新型门架及专用配件搭设。

7.4.1 门式钢管模板支架的构配件

随着门式钢管模板支架在模板支架中广泛的应用，近几年在传统的门式钢管脚手架的基础上，逐步形成部分承载力高、搭设方便的新型门式钢管模板支架。

（1）CZM 门架

CZM 门架是一种适用于搭设模板支撑架的门架，如图 7-18 所示。其特点是横梁刚度大，稳定性好，能承受较大的荷载，而且横梁上任意位置均可作为荷载支承点。门架基本高度有三种：1.2m、1.4m 和 1.8m；宽度为 1.2m；其中1.2m 高门架没有立杆加强杆。

（2）调节架

调节架高度有 0.9m、0.6m 两种，宽度为 1.2m，用来与门架搭配，以装配不同高度的模板支撑架。

（3）连接棒、销钉、锁臂

上、下门架及其与调节架的竖向连接，采用连接棒，如图 7-19（a）所示；连接棒两端均钻有孔洞，插入上、下两

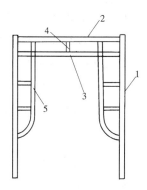

图 7-18 CZM 门架构造

1—门架立杆；2—上横杆；

3—下横杆；4—腹杆；

5—立杆加强杆

门架的立杆内，并在外侧安装锁臂，如图 7-19 （c）；再用自锁销钉，如图 7-19 （b）穿过锁臂、立杆和连接棒的销孔，将上下立杆直接连接起来。

（4）加载支座、三角支承架

当托梁的间距不是门架的宽度时，荷载作用点的间距大于或小于 1.2m 时，可用加载支座或三角支承架来进行调整，可以调整的间距范围为 0.5～0.8m。

1）加载支座。加载支座构造如图 7-20 （a）所示，使用时用扣件将底杆与门架的上横杆扣牢，小立杆的顶端加托座即可使用。

2）三角支承架。三角支承架构造如图 7-20 （b）所示，宽度有 150mm、300mm、400mm 等几种，使用时将插件插入门架立杆顶端，并用扣件将底杆与立杆扣牢，然后在小立杆顶端设置顶托即可使用。

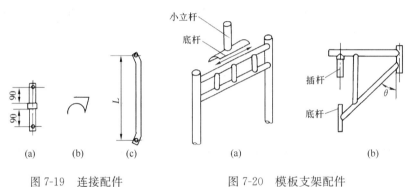

图 7-19　连接配件　　　　　图 7-20　模板支架配件

（a）连接棒；（b）销钉；（c）销臂　　　（a）加载支座；（b）三角支承架

7.4.2　门式钢管模板支架的构造

1. 门式钢管多排（满堂）模板支架

门式钢管模板支架的构造如图 7-21 所示，包括水平拉杆（加强杆）、剪刀撑、抛撑、缆绳、抛撑拉杆、扫地杆（封口杆）、水平剪刀撑等。

2. 梁模板门式钢管模板支架（一）

用于支撑梁模板的门架支架布置方式，可采用沿梁轴线垂直或平行两种，如图 7-22 所示。当垂直梁轴线布置时，在两门架间的两侧应设置交叉支撑，如图 7-14 （a）所示；当平行梁轴线布置时，在两门架间的两侧亦应设置交叉支撑，交叉支撑应与立柱上的锁销锁牢，上下门架的组装连接必须设置连接棒及锁臂，如图 7-14 （b）所示。

3. 梁模板门式钢管模板支架（二）

当梁的模板支架高度较高或荷载较大时，门架可采用复式（重叠）的布置方式，如图 7-23 所示。通过设置门架调节架可以提高门式支撑架的高度，但必须经受力计算，按要求设置水平加固杆。

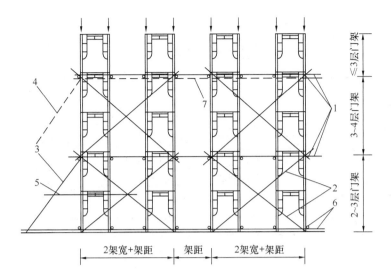

图 7-21 门式钢管多排（满堂）模板支架在门架平面方向的拉撑构造图

1—水平拉杆（加强杆）；2—剪刀撑；3—抛撑；4—缆绳；

5—抛撑拉杆；6—扫地杆（封口杆）；7—水平剪刀撑

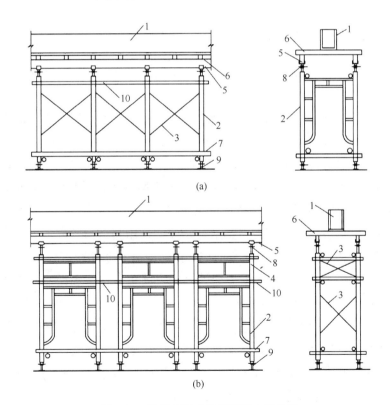

图 7-22 梁模板门式钢管模板支架布置

（a）垂直梁轴线布置；（b）平行梁轴线布置

1—混凝土梁；2—门架；3—交叉支撑；4—调节架；5—托梁；6—小楞；

7—扫地杆；8—可调托座；9—可调底座；10—水平加固杆

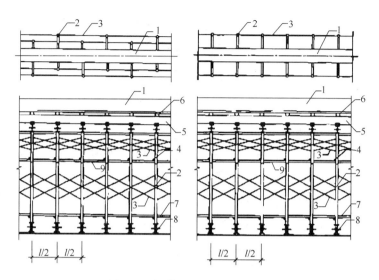

图 7-23　梁模板支架的复式布置

1—混凝土梁；2—门架；3—交叉支撑；4—调节架；5—托梁；

6—小楞；7—扫地杆；8—可调底座；9—水平加固杆

7.4.3　门式钢管模板支架的搭设

门式钢管模板支架的搭设顺序同门式钢管脚手架，具体参照本书第四章相关内容。

（1）支撑架底部

搭设门式钢管支撑架的场地必须平整坚实，并作好排水，回填土地面必须分层回填、逐层夯实，以保证支架底部的稳定性。

支架底部应当放置衬垫木方作垫板，以防下沉；垫板上应设固定底座或可调底座，可调托座调节螺杆的高度不应超过 300mm；宜采用调节架、可调托座调整高度；底座和托座与门架立杆轴线的偏差不应大于 2.0mm。

门架立柱下部的纵横向必须设置扫地杆，并应采用扣件与立杆扣紧。当模板支撑架设在钢筋混凝土楼板挑台等结构上部时应对该结构强度进行验算。

（2）门架的跨距和间距：应根据支架的高度、荷载由计算和构造要求确定，跨距不宜超过 1.5m，净间距不宜超过 1.2m。

（3）高度和宽度：门架模板支架的高宽比不应大于 4，搭设高度不宜超过 24m。

（4）缆风绳和连墙件：当模板支架的高宽比大于 2 时，应按以下要求设置缆风绳或连墙件：在架体端部及外侧周边水平间距不宜超过 10m 设置；宜与竖向剪刀撑位置对应设置；竖向间距不宜超过 4 步设置。

（5）格构尺寸与构造措施：梁、板类结构的模板支架，应分别设计。板支架跨距（或间距）宜是梁支架跨距（或间距）的倍数，梁下横向水平杆加固杆应深入板内支架不少于 2 根门架立杆，并应与板下门架立杆扣紧。

（6）刚性连接：在支架四周和内部纵横向应按规定与建筑结构柱、墙进行刚性连接，连接点应设在水平剪刀撑或水平加固杆设置层，并应与水平杆连接。

（7）水平加固杆：应在每步门架两侧立杆上设置纵向、横向水平加固杆；当门架支撑宽度为 4 跨及以上或 5 个节间及以上时，应在周边底层、顶层、中间每 5 列、5 排在每门架立柱根部设 $\phi48.3\text{mm}\times3.6\text{mm}$ 通长水平加固杆，并应采用扣件与门架立柱扣牢。

（8）剪刀撑：门式模板支架应设置剪刀撑对架体进行加固，剪刀撑的设置应符合以下规定：

1）剪刀撑的连接：剪刀撑斜杆与地面的倾角宜为 $45°\sim60°$，并应采用旋转扣件与立杆扣紧；斜杆应采用搭接接长，搭接长度不宜小于 1m，搭接处应采用不少于 3 个旋转扣件扣紧。

2）竖向剪刀撑：在支架的外侧周边及内部纵横向每隔 $6\sim8m$，应由底到顶设置连续竖向剪刀撑，每道剪刀撑的宽度应为 $4\sim6$ 个跨距，且在 $6\sim8m$；连续剪刀撑的斜杆水平间距宜为 $6\sim8m$。

3）水平剪刀撑：搭设高度在 8m 及以下时，在顶层应设置连续的水平剪刀撑；搭设高度超过 8m 时，在顶层和竖向每隔 4 步及以内应设置连续的水平剪刀撑；水平剪刀撑宜在竖向剪刀撑斜杆交叉层设置。

（9）托梁：应让门架立杆直接传递荷载，当荷载不能直接传递至门架立杆时，宜在立杆上端设置托梁。

（10）脚手板：顶部操作层应采用挂扣式脚手板铺满。

7.4.4 模板支撑架的检查验收和安全使用管理

1. 使用前的检查验收

模板支撑架及满堂脚手架组装完毕后，应对下列各项内容进行检查验收：

（1）门架设置情况。

（2）交叉支撑、水平架及水平加固杆、剪刀撑及脚手板配置情况。

（3）门架横杆荷载状况。

（4）可调底座、顶托螺旋杆伸出长度。

（5）扣件紧固扭力矩。

（6）垫木情况。

（7）安全网设置情况。

2. 安全使用注意事项

（1）可调底座顶托应采取防止砂浆、水泥浆等污物填塞螺纹的措施。

（2）不得采用使门架产生偏心荷载的混凝土浇筑顺序，采用泵送混凝上时应随浇随捣随平整，混凝土不得堆积在泵送管路出口处。

（3）应避免装卸物料对模板支撑和脚手架产生偏心振动和冲击。

（4）交叉支撑、水平加固杆剪刀撑不得随意拆卸，因施工需要临时局部拆卸时，施工完毕后应立即恢复。

（5）拆除时应采用先搭后拆的施工顺序。

（6）拆除模板支撑架及满堂脚手架时应采用可靠安全措施，严禁高空抛掷。

7.4.5 模板支撑架的拆除

模板支撑架必须在混凝土结构达到规定的强度后才能拆除；表 7-1 是各类现浇构件拆模时必须达到的强度要求。

现浇结构拆模时所需混凝土强度 表 7-1

项次	结构类型	结构跨度（m）	按达到设计混凝土强度标准值的百分率计（%）
1	板	≤2	50%
		>2，≤8	75%
		>8	100%
2	梁、拱、壳	≤8	75%
		>8	100%
3	悬臂构件	—	100%

支撑架的拆除要求与相应脚手架拆除的要求相同。

支撑架拆除，除应遵守相应脚手架拆除的有关规定外，根据支撑架的特点，还应注意：

（1）支撑架拆除前，应由单位工程负责人对支撑架作全面检查，确定可拆除时，方可拆除。

（2）拆除支撑架前应先松动可调螺栓，拆下模板并运出后，才可拆除支撑架。

（3）支撑架拆除应从顶层开始逐层往下拆，先拆可调托撑、斜杆、横杆，后拆立杆。

（4）拆下的构配件应分类捆绑、吊放到地面，严禁从高空抛掷到地面。

（5）拆下的构配件应及时检查、维修、保养。

（6）变形的应调整，油漆剥落的要除锈后重刷漆；对底座、调节杆、螺栓螺纹、螺孔等应清理污泥后涂黄油防锈。

（7）门架宜倒立或平放，平放时应相互对齐；剪刀撑、水平撑、栏杆等应绑扎成捆堆放。其他小配件应装入木箱内保管。

构配件应储存在干燥通风的库房内。如露天堆放，场地必须地面平坦、排水良好，堆放时下面要铺地板，堆垛上要加盖防雨布。

7.5 直插盘销式模板支架

直插盘销式模板支架是指模板支架立杆采用套管承插连接，水平杆采用杆端焊接楔形直插头插入立杆连接盘，水平和竖向剪刀撑采用扣件式钢管与立杆或水平杆固定，形成的模板支架。该模板支架的主要用途为模板支撑架，也可以用来支撑普通脚手架，其优点是：结构构造简单、力学性能好、承载力大、接头构造合理、工作安全可靠、拆装方便、高效、操作简便容易、构件自重轻、作业强度低、零部件少、损耗率低、便于管理、易于运输、适用性强等。

直插盘销式模板支架在我国近年来发展较快，现已广泛用于房屋建筑、桥梁、涵洞、隧道、烟囱、水塔、大坝等混凝土模板支撑架以及大跨度网架结构等结构安装工程施工中，取得了显著的经济效益。

模板支架应依据《建筑施工承插型盘扣式钢管支架安全技术规程》JGJ 231—2010、《建筑施工直插盘销式模板支架安全技术规范》DB 37—5008—2014 及相关规范、规程搭设。

7.5.1 主要杆配件

直插盘销式模板支架的主要杆配件包括：盘销节点、钢管立杆、水平杆、立杆连接销、可调底座、可调托撑和脚手板等。盘销节点是模板支架各杆件的主要连接部位，由焊接于立杆上的连接盘和水平杆杆端直插头组成，如图 7-24 所示。

盘销节点的基本要求：

（1）水平杆杆端直插头侧面应为圆弧形，圆弧应与立杆外表一致；直插头为下部窄上部宽的楔形。

（2）立杆连接盘应为可连接水平 4 个方向直插头的圆环形孔板。

（3）立杆连接套管为焊接于立杆下端的专用外套管。

（4）立杆盘销节点宜按 0.6m 模数设置，水平杆长度宜按 0.3m 模数设置。

主要杆配件要求详见《建筑施工直插盘销式模板支架安全技术规范》DB37—5008—2014 附录 A 表 A-1。

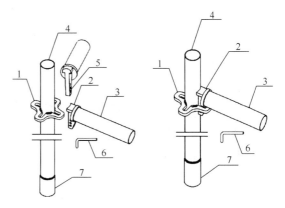

图 7-24　盘销节点

1—连接盘；2—直插头；3—水平杆；4—立杆；

5—插销孔；6—插销；7—连接套管

7.5.2 直插盘销式模板支架构造

直插盘销式模板支架适用于楼层混凝土浇筑的满堂模板支架支撑，模板支架设计应根据施工图纸进行统筹布置，不同开间的支架应进行可靠连接。模板支架的构造分为：无剪刀撑框架式支撑结构和有剪刀撑框架式支撑结构两种。

当模板支架支撑高度（H）不大于3m且楼板厚度（D）不大于200mm且梁截面面积（S_L）不大于0.2m²时，可采用无剪刀撑框架式支撑结构；如超出此规定，应采用有剪刀撑框架式支撑结构；当高度（H）大于8m或楼板厚度（D）大于400mm或梁截面面积（S_L）大于0.4m²时，专项方案应进行专家论证。

1. 与既有结构的连接

当有稳固既有结构时，模板支架应与稳固既有结构可靠连接，并应符合下列规定：

（1）竖向连接间隔不应超过2步，宜优先布置在有水平剪刀撑的水平杆层。

（2）水平方向连接间隔不宜大于8m。

（3）当遇柱时，宜采用扣件式钢管抱柱拉结，拉结点应靠近主节点设置，偏离主节点的距离不应大于300mm，如图7-25所示。

（4）侧向无可靠连接的模板支架高宽比不应大于3。当高宽比大于3且四周不具备拉结条件时，应采取扩大架体下部尺寸或其他构造措施。

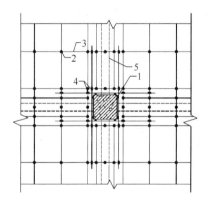

图7-25　抱柱拉结措施

1—结构柱；2—立杆；3—水平杆；

4—直角扣件；5—结构梁

2. 模板支架的地基

模板支架的地基应符合下列规定：

（1）搭设场地应坚实、平整；应有排水措施，防止产生不均匀沉降；地基承载力应满足受力要求。

（2）立杆支架底部应设置木垫板，木垫板厚度应一致且不得小于50mm、宽度不小于200mm、长度不小于2跨。

3. 模板支架的立杆

立杆布置应符合下列规定：

（1）立杆间距不得大于1.5m。

（2）立杆接头应采用带专用外套管的立杆对接，外套管开口朝下。

（3）立杆的插接接头宜交错布置，两根相邻立杆的接头不得设置在同步内。

（4）模板支架立杆基础不在同一高度时，必须将高处的扫地杆与低处水平杆拉通。

（5）当立杆需要加密时，非加密区立杆、水平杆应与加密区间距互为倍数；加密区水平杆应向非加密区延伸不少于2跨，如图7-26和图7-27所示。

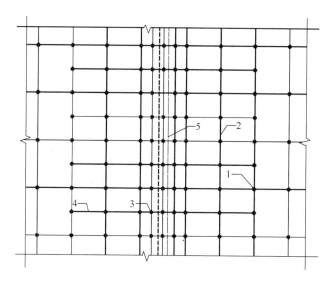

图 7-26 模板支架平面图

1—立杆；2—水平杆；3—加密立杆；4—延伸水平杆；5—结构梁

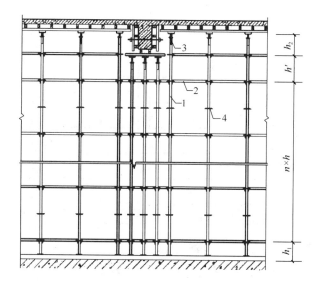

图 7-27 模板支架剖面图

1—立杆；2—水平杆；3—可调托撑；4—连接盘

4. 模板支架的水平杆

水平杆布置应符合下列规定：

（1）模板支架水平杆必须按步纵横向通长满布设置，不得缺失。

（2）模板支架应设置纵向和横向扫地杆，底步水平杆作为扫地杆距地高度不应超过 550mm。

（3）水平杆的步距不得大于 1.8m。

5. 可调托撑

可调托撑的设置应符合下列规定：

(1) 可调托撑伸出顶层水平杆的悬臂长度严禁超过 650mm。

(2) 可调托撑螺杆伸出长度不应超过 300mm，插入立杆的长度不应小于 200mm。

(3) 可调托撑上的主楞梁应居中，其间隙每边不大于 2mm。

6. 剪刀撑

有剪刀撑框架式支撑结构的模板支架水平杆步距应满足设计要求，顶部步距宜比标准步距缩小一个盘销节点间距；模板支架的剪刀撑可采用扣件式钢管进行搭设。

(1) 竖向剪刀撑的布置应符合下列规定：

1) 模板支架外侧四周应连续布置竖向剪刀撑。

2) 模板支架中间应在纵向、横向分别连续布置竖向剪刀撑；竖向剪刀撑间隔不应大于 6 跨，且不大于 6m；每个剪刀撑的跨数不应超过 6 跨，且宽度不大于 6m，如图 7-28 和图 7-29 所示。

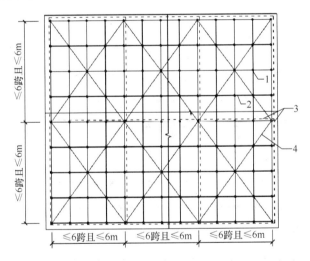

图 7-28　模板支架剪刀撑平面布置图

1—立杆；2—水平杆；3—竖向剪刀撑；4—水平剪刀撑

3) 竖向剪刀撑杆件底端应与垫板或地面顶紧，倾斜角度应在 45°～60° 之间，应采用旋转扣件每步与立杆或水平杆固定，旋转扣件宜靠近主节点，中心线与主节点的距离不宜大于 150mm。

(2) 水平剪刀撑的布置应符合下列规定：

1) 当模板支架支撑高度超过 5m 时，顶步必须连续设置水平剪刀撑，底步应连续设置水平剪刀撑。

2) 水平剪刀撑的间隔层数不应大于 6 步且不大于 6m，每个剪刀撑的跨数不应超过 6 跨且宽度不大于 6m，如图 7-28 和图 7-29 所示。

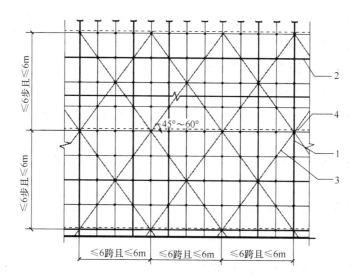

图 7-29 模板支架剪刀撑立面布置图

1—立杆；2—水平杆；3—竖向剪刀撑；4—水平剪刀撑

3）水平剪刀撑宜布置在剪刀撑交叉的水平杆层。

4）水平剪刀撑应采用旋转扣件每跨与立杆或水平杆固定，旋转扣件宜靠近主节点。

（3）剪刀撑的斜杆接长应采用搭接，搭接长度不应小于 1m，并应采用不少于 2 个旋转扣件等距离固定，且端部扣件盖板边缘离杆端距离不应小于 100mm；扣件螺栓的拧紧力矩不应小于 40N·m，且不应大于 65N·m。

（4）每对剪刀撑斜杆应分开设置在立杆或水平杆的两侧。

7.5.3 直插盘销式模板支架搭设

直插盘销式模板支架的搭设应编制专项施工方案，并应经审核批准后实施。模板支架搭设施工前，项目技术负责人应按专项施工方案的要求对现场管理人员和作业人员进行技术和安全作业交底。

模板支架的构配件应经验收合格，并按品种、规格分类码放，标挂数量规格铭牌备用。

模板支架的地基基础应在验收合格后方可搭设。

模板支架搭设应符合下列规定：

（1）应根据模板支架图纸进行定位放线。

（2）模板支架在搭设时要求地面必须平整，当地面平整度较差时，应采取找平措施，确保水平杆与立杆可靠连接，且水平杆在同一水平面上。

（3）垫板应平整、无翘曲，不得采用已开裂垫板。

（4）多层楼板搭设模板支架时，上层模板支架的立杆宜与下层模板支架立杆对齐。

（5）模板支架搭设应按先立杆后水平杆的顺序搭设，形成基本的架体单元，并以此扩展搭设整体支架体系。

（6）水平杆直插头插入立杆的连接盘后，采用不小于 0.5kg 的手锤锤击水平杆端部，使直插头卡紧，保证盘销节点水平杆的抗拔力不小于 12kN。

（7）采用不小于 φ4mm 的插销插入直插头下端的插销孔，防止直插头拔出。

（8）每搭完一步支架后，应及时校正水平杆步距、立杆的纵横距、立杆的垂直偏差和水平杆的水平偏差；立杆的垂直偏差不应大于模板支架总高度的 1.5‰ 且不得大于 30mm。

（9）混凝土浇筑前施工管理人员应组织相关人员对搭设的支架进行验收，并应确认符合专项施工方案要求后浇筑混凝土。

7.5.4 直插盘销式模板支架检查与验收

1. 构配件的检查与验收

（1）对模板支架构配件的外观质量按表 7-2 执行。

构配件外观质量检查表 表 7-2

序号	项目	要求	抽查数量	检查方法
1	钢管	表面应平直光滑，不应有裂缝、结疤、分层、错位、硬弯、毛刺、压痕和深的划痕	全数	目测
2		外壁使用前应刷防锈漆，内壁宜刷防锈漆	全数	目测
3		外径允许偏差±0.5mm，壁厚允许偏差±10%	3%	游标卡尺
4		外表面的锈蚀深度≤0.18mm	3%	游标卡尺
5	连接盘直插头	表面应平整，不得有弯曲、裂缝现象	全数	目测
6		焊缝应饱满，不得有夹渣、裂缝、开焊现象	全数	目测
7		板厚允许偏差±10%	3%	游标卡尺
8	立杆连接套管	材料同钢管	—	—
9		焊缝应饱满，不得有夹渣、裂缝、开焊现象	全数	目测
10		套管长度、可插入长度允许偏差±5mm	3%	钢卷尺
11	可调托撑	外径允许偏差±0.5mm	3%	游标卡尺
12		焊缝应饱满，不得有夹渣、裂缝、开焊现象	全数	目测

（2）构配件的力学性能应符合表 7-3 要求。

构配件力学性能 表 7-3

序号	构配件名称	抽查数量	检测项目	检测标准	性能指标
1	钢管	750 根为一批，每批抽取 1 根	抗拉强度、屈服点、断后延伸长度	《低压流体输送用焊接钢管》GB/T 3091—2015	第 5.4.1 条

序号	构配件名称	抽查数量	检测项目	检测标准	性能指标
2	连接盘	2000 根为一批，每批抽取 3 根	节点焊缝抗剪承载力	《建筑施工直插盘销式模板支架安全技术规范》DB 37—5008—2014	不小于 60kN
3	直插头	2000 根为一批，每批抽取 3 根	节点焊缝抗剪承载力	《建筑施工直插盘销式模板支架安全技术规范》DB 37—5008—2014	不小于 30kN
4	盘销节点	2000 根为一批，每批抽取 3 根	抗压承载力	《建筑施工直插盘销式模板支架安全技术规范》DB 37—5008—2014	不小于 10kN
		每年不少于一次	节点转动刚度	《建筑施工直插盘销式模板支架安全技术规范》DB 37—5008—2014	不小于 24 kN·m/rad
5	模板支架	每两年不少于一次	构力学性能	《建筑施工脚手架安全技术统一标准》GB 51210—2016	附录 C.3

2. 模板支架检查与验收

（1）模板支架搭设前，应按表 7-4 进行检查验收。

模板支架搭设前检查验收　　　　　　　　　　　　表 7-4

序号	项目	技术要求	允许偏差（mm）	检验方法
1	地基承载力	满足承载能力要求	—	检查计算书、地质勘查报告
2	平整度	场地应平整	10	水准仪测量
3	排水	有排水措施、不积水	—	观察
4	垫板	应平整、无翘曲，不得采用已开裂垫板	—	观察
		厚度符合要求	±5	钢卷尺量
		宽度	—20	钢卷尺量

（2）模板支架搭设完成后按表 7-5 进行检查验收。

模板支架搭设完成后检查验收　　　　　　　　　　表 7-5

序号	项目		技术要求	允许偏差（mm）	检查方法
1	立杆垂直度		—	1.5‰且≤30mm	经纬仪或吊线
2	水平杆水平度		—	3‰	水平尺
3	杆件间距	步距	—	±10	钢卷尺
4		纵、横距	—	±5	钢卷尺
5	水平杆抗拔力		不小于 1.2kN	—	测力计
6	构造要求		按规范要求	—	—

（3）模板支架使用过程中的检查

模板支架在使用过程中应进行下列检查：

1）基础是否有不均匀沉降。

2）立杆底部与垫板是否有活动或悬空。

3）水平杆是否有松动现象。

4）施工是否超载。

5）安全防护措施是否符合要求。

3.模板支架技术资料检查验收

模板支架应提供以下技术资料：

（1）模板支架专项方案。

（2）生产厂家、租赁公司营业执照。

（3）构配件质量合格证书、力学性能检验报告。

（4）构配件质量检验记录。

（5）模板支架安装、使用检查验收记录。

7.5.5 直插盘销式模板支架拆除

模板支架拆除时应符合下列规定：

（1）模板支架拆除前应经项目技术负责人同意后方可拆除。立杆拆除前混凝土强度应达到设计要求；当设计无要求时，混凝土强度应符合现行国家标准《混凝土结构工程施工质量验收规范》GB 50204—2015 的相关规定。

（2）模板支架水平杆应进行施工工况验算后方可拆除，作业层混凝土浇筑完成前，严禁拆除下层模板支架水平杆。

（3）拆除作业应按先搭后拆、后搭先拆的原则顺序自上而下逐层拆除，严禁上下两层同时拆除；设有附墙连接件的模板支架，连接件必须随支架逐层拆除，严禁先将连接件全部拆除后再拆除支架。

（4）分段、分立面拆除时，应确定分界处的技术处理方案，并应保证分段后架体的稳定。

（5）拆除的构件应及时分类，指定位置堆放，以便周转使用。

7.6 安全管理

7.6.1 现场安全管理

（1）从事高处作业的人员，应定期体检，不符合要求的不得从事高处作业。

（2）扣件式、碗扣式、门式等钢管模板支架的搭设和拆除，应当由经专门安全操作知识培训、建设主管部门考核合格，取得"建筑施工特种作业操作资格证书"的人员操作。

（3）从事模板支架、模板的搭设、安装和拆除作业时，操作人员应佩戴安全帽、系安全带、穿防滑鞋；安全帽和安全带应定期检查，不合格者严禁使用。

（4）模板支架所使用钢管等材料、配件、模板及配件进场应有出厂合格证或当年的检验报告，安装前应对所用的立杆、主次楞、吊环、扣件等部件进行认真检查，不符合要求者不得使用。

（5）在高处安装、拆除模板及浇筑混凝土作业时，应按高处作业的有关规定要求组织施工。

1）周围设防护栏杆、安全网。

2）搭设脚手架提供可靠的作业平台。

3）设置警戒区，严禁他人进入。

4）在临街面及交通要道地区，尚应设警示牌，派专人看管。

（6）夜间施工时应当有足够照明，制定夜间施工安全技术措施。

（7）严禁作业人员攀登模板、斜撑杆、拉条或绳索等，不得在高处的墙顶、独立梁或在其模板上行走。

（8）模板支撑架搭设作业时，模板和配件不得随意堆放，模板应放平放稳，严防滑落。

1）脚手架或操作平台上临时堆放的模板不宜超过 3 层。

2）连接件应放在箱盒或工具袋中，不得散放在脚手板上。

3）脚手架或操作平台上的施工总荷载不得超过其设计值。

（9）模板上堆料和施工设备应合理分散堆放，不应造成荷载的过多集中。

（10）交叉作业时，尽可能避免在同一垂直作业面进行，否则应按规定设置隔离防护措施。

（11）模板安装时，上下应有人接应，随装随运，严禁抛掷。

（12）不得将模板支搭在门窗框上，也不得将脚手板支搭在模板上；严禁将模板支架与物料提升架体、塔机架体以及脚手架、卸料平台等连成一体。

（13）支模过程中如遇中途停歇，应将已就位模板或支架连接稳固，不得浮搁或悬空；拆模中途停歇时应将已松扣或已拆松的模板、支架等拆下运走，防止构件坠落或作业人员扶空坠落伤人。

（14）寒冷地区冬期施工用钢模板时，不宜采用电热法加热混凝土，否则应采取防触电措施。

（15）在大风地区或大风季节施工时，模板应有抗风的临时加固措施。

（16）当模板及支架高度超过 15m 时，应安设避雷设施，避雷设施的接地电阻不得大于 4Ω。

（17）施工用的临时照明和行灯的电压不得超过 36V；当为钢支架及特别潮湿的环境时，不得超过 12V。照明行灯及机电设备的移动线路应采用绝缘橡胶套电缆线。

（18）当遇大雨、大雾、沙尘、大雪或 6 级以上大风等恶劣天气时，应停止露天高处作业。5 级及以上风力时，应停止高空吊运作业。雨、雪停止后，应及时清除模板和地面上的积水及冰雪。

7.6.2 安全技术管理

（1）模板工程应编制施工设计和安全技术措施，并应严格按施工设计和安全技术措施的规定施工。

（2）模板支架在安装、拆除作业前，工程技术人员应以书面形式向作业班组进行施工操作的安全技术交底，作业班组应对照书面交底进行上下班的自检和互检。

（3）模板支架经检查验收后，方可进行下道工序施工，检查项目应符合以下要求：

1）立杆底部地基土应回填夯实。

2）垫板应满足设计要求。

3）底座位置应正确，顶托螺杆伸出长度应符合规定。

4）立杆的规格尺寸和垂直度应符合设计要求，不得出现偏心荷载。

5）扫地杆、水平杆、剪刀撑等的设置应符合规定，固定应可靠。

6）用扭力扳手检查扣件螺栓拧紧力矩。

7）安全网和各种安全设施应符合要求。

8）架体与输电线的安全距离应符合有关规定。

7.6.3 混凝土浇筑施工

（1）现浇混凝土楼盖（板）宜从中间开始向两边扩展对称浇筑。混凝土梁应从跨中向两端对称进行分层浇筑，每层厚度不得大于 400mm。

（2）严格控制实际施工荷载，确保不超过设计荷载，在施工中宜设专人对施工荷载进行监控。

（3）运送混凝土小车道应设垫板，不得直接在模板上运行；当需在钢筋网上通过时，必须搭设车行通道。

（4）运输小车的通道应坚固稳定，应铺平绑牢脚手板，便于小车运行，通道两侧设置防护栏杆及挡脚板。

（5）模板施工及混凝土浇筑时，应设专人负责安全检查，发现问题应报告有关人员处理。当遇险情时，应立即停工和采取应急措施；待修复或排除险情后，方可继续施工。

7.6.4 模板与支架维修存放

（1）使用后的桁架、钢楞和立杆应将黏结物清理洁净，清理时严禁采用铁锤敲击的方法。

（2）清理后的桁架、钢楞、立杆，应逐块、逐榀、逐根进行检查，发现翘曲、变形、扭曲、开焊等必须修理完善。

（3）清理整修好的桁架、钢楞、立杆等支架构件应刷防锈漆。

（4）已损坏断裂的支架构配件应剔除，不能修复的应报废。

（5）螺栓的螺纹部分应整修上油，然后应分别按规格分类装在箱笼内备用。

（6）支架构配件修复后，应进行检查验收，凡检查不合格者应重新整修，待合格后方准应用。

（7）经过维修、刷油、整理合格的支架构配件，如需运往其他施工现场或入库，必须分类装入集装箱内，杆件成捆、配件成箱，清点数量，入库或接收单位验收。

（8）装车时，应轻搬轻放，不得相互碰撞；卸车时，严禁成捆从车上推下和拆散抛掷。

（9）支架构配件应放入室内或敞篷内，当须露天堆放时，应装入集装箱内，底部垫高 100cm，顶面应遮盖防水篷布或塑料布，集装箱堆放高度不宜超过 2 层。

（10）各类模板应按规格分类堆放整齐，地面应平整坚实，当无专门措施时，叠放高度一般不应超过 1.6m。

（11）大模板应存放在经专门设计的存放架上，两块大模板面对面存放，必须保证地面的平整坚实。当存放在施工楼层上时，应满足其自稳角度，并有可靠的防倾倒措施。

8 常见事故原因及预防措施

建筑脚手架在搭设、使用和拆除过程中发生的安全事故，一般都会造成不同程度的人员伤亡和经济损失，甚至出现群死群伤重大事故，后果非常严重。据资料统计，2003年1月～2008年12月期间，某省共发生建筑施工伤亡事故175起，导致198人死亡和49人重伤。其中，在脚手架搭设、拆除和作业时发生事故26起，死亡31人，重伤7人，分别占事故总起数、死亡总人数、重伤总人数的14.86%、15.66%和14.29%。这些事故的教训是深刻的，从对事故发生的主要原因的分析中，可以得到许多有益的启示，帮助我们改进技术及管理工作，采取相应的预防措施，防止和减少事故的发生。

8.1 脚手架工程的常见问题

脚手架工程，尤其是高大模板支架工程，结构和使用环境复杂，安装技术要求高，承受的荷载较大，稍有疏忽，极易发生失稳坍塌。扣件式钢管脚手架是当前我国房屋建筑、市政工程使用量最大、应用最普遍的脚手架和模板支架。常见的问题较多，包括人员资格、施工技术、管理等多个方面，这些问题的存在往往是导致事故的主要原因。

8.1.1 技术管理不到位

（1）从事脚手架、钢管模板支架搭设的作业人员未按照规定接受专门教育，未取得特种作业人员操作证书，无证上岗作业。

（2）作业人员安全生产意识较差。

（3）身体健康状况不适应脚手架搭设作业。

（4）酒后登高作业。

（5）未按照规定编制脚手架专项施工方案（组织设计）。

（6）方案未按照规定的程序进行审查、论证、批准。

（7）方案内容不符合安全技术规范标准。

（8）方案中未对地基承载力、连墙件进行计算，未按照规定对立杆、水平杆进行计算。

（9）方案缺乏针对性，不具备指导施工作用。

（10）方案编写过于简单，缺少平面、立面图及节点、构造等详图，不具备指导施工作用。

（11）未按照方案要求进行施工作业搭设拆除脚手架。

（12）未按照规定进行安全技术交底。

（13）未按照规定进行分段搭设、分段检查验收投入使用。

（14）作业人员未按照规定戴安全帽、系安全带、穿防滑鞋。

8.1.2　材料配件存在质量问题

（1）扣件破损，螺杆螺母滑丝。

（2）扣件所使用材料不合格。

（3）扣件盖板厚度不足，承载力达不到要求。

（4）扣件、底座锈蚀严重，承载力严重不足。

（5）扣件变形严重。

（6）扣件、底座未做防腐处理。

（7）焊接底座底板厚度不足 8mm，承载力不足。

（8）木垫板厚度不足 50mm，长度不足 2 跨。

（9）新购钢管、扣件未按照规定进行抽样检测检验。

（10）钢管、扣件使用前未进行全面检查，质量存在问题。

（11）进厂钢管没有生产许可证、产品质量合格证。

（12）钢管壁较薄，$\phi48.3$mm 钢管壁厚偏差超过-0.5mm。

（13）钢管未做防腐处理，锈蚀严重，承载力严重降低。

（14）钢管受打孔、焊接等破坏，局部承载力严重不足。

（15）冲压钢脚手板锈蚀严重，竹串片脚手板穿筋松落，承载力严重降低。

8.1.3　搭设不规范

（1）基础发生不均匀沉降

1）基土上直接搭设架体时，立杆底部不铺垫垫板。

2）回填土未分层夯实，承载力不足。

3）基础没有排水设施，基础被水浸泡。

4）脚手架附近开挖基础、管沟，对脚手架、模板支架基础构成威胁等。

5）基础下的管沟、枯井等未进行加固处理。

6）立杆底部未设底座，或者数量不足；底座未安放在垫板中心轴线部位。

7）地基没有进行承载力计算，地基承载力不足。

8）对软地基未采取夯实、设混凝土垫层等加固处理。

9）基土上直接搭设模板支架未设垫板，或者木垫板面积不够、板厚不足 50mm。

10）模板支架四周无排水措施、积水，基土尤其是湿陷性黄泥土受水浸泡沉陷。

11）搭在结构上的模板支架，对结构未进行验收复核、加固，结构承载力不足。

（2）连墙件设置不符合要求

1）连墙件与架件连接的连接点位置不在离主节点 300mm 范围内。

2）连墙件与建筑结构连接不牢固。

3）连墙件设置数量严重不足。

4）装饰装修、墙体砌筑等阶段，违规随意拆除连墙件。

5）拆除脚手架时，未随拆除进度拆除连墙件，连墙件拆除过多。

6）对高度在 24m 以上的脚手架未采用刚性连墙件。

7）违规使用仅能承受拉力、仅有拉筋的柔性连墙件。

8）模板支架未按照规定将水平杆尽可能顶靠周围结构。

（3）立杆

1）立杆不顺直，弯曲度超过 20mm。

2）脚手架基础不在同一高度时，靠边坡上方的立杆轴线到边坡的距离不足 500mm。

3）脚手架未设扫地杆。

4）扫地杆设置不合理，纵向扫地杆距底座上皮大于 200mm，横向扫地杆固定在纵向扫地杆以上且间距较大。

5）脚手架底层步距超过 2.0m。

6）立杆偏心荷载过大，顶层顶步以下立杆采用了搭接接长。

7）双立杆中副立杆过短，长度远小于 6.0m。

8）对接接头没有交错布置，同一步内接头较集中。

9）高层脚手架没有局部卸载装置。

10）脚手架与塔机、施工升降机、物料提升机等架体连在一起，或与模板支架连在一起。

11）落地式卸料平台未单独设置立杆。

12）搭设高度未跟上施工进度，脚手架未高出作业层。

13）模板支架柱距过大，分布不均。

14）悬挑工具式卸料平台与脚手架有连接。

（4）水平杆、剪刀撑

1）纵向水平杆设在立杆外侧。

2）纵向水平杆搭接长度不足 1.0m，用 1 个或 2 个旋转扣件连接。

3）两根相邻纵向水平杆接头设在同步或同跨内，相距不足 500mm。

4）主节点处横向水平杆被拆除，或者未设。

5）脚手架眼设置位置不符合规范要求。单排脚手架的横向水平杆插入墙内的长度不足 180mm。

6）脚手架剪刀撑设置不规范，未跟上施工进度，搭接接头扣件数量不足。

7）模板支架未按照规定设置水平、竖向剪刀撑。

8）模板支架纵横向水平拉杆严重不足。

（5）作业层

1）作业层竹笆脚手板下纵向水平杆间距超过 400mm。

2）作业层脚手板铺设不满，没有固定牢。

3）脚手板接头铺设不规范，出现长度大于 150mm 的探头板。

4）未设置栏杆和挡脚板，或设置位置及高度尺寸不规范。

5）脚手架工程没有挂设随层网、层间网或首层网，挂设不严密。

8.1.4 使用不当

（1）作业层上施工荷载过大，超出设计要求。

（2）模板支架、缆风绳、泵送混凝土和砂浆的输送管固定在脚手架上。

（3）脚手架悬挂起重设备。

（4）在使用期间随意拆除主节点处杆件、连墙件。

（5）在脚手架上进行电、气焊作业时，没有防火措施。

（6）脚手架没有按照规定设置防雷措施。

（7）未按照规定进行定期检查，长时间停用和大风、大雨、冻融后未进行检查。

（8）模板上荷载较集中。

（9）混凝土梁未从跨中向两端对称分层浇筑。

（10）预压模板支架时，由于沙袋被雨水浸泡过后重量变大，使得预压荷载超过支架设计承载力而造成支架坍塌。

8.1.5 拆除不当

（1）没有制定拆除方案，没有进行安全技术交底。

（2）没有在拆除前对脚手架的扣件连接、连墙件、支撑体系等是否符合构造要求作全面检查。

（3）拆架时周围没设置围栏或警戒标志，非拆架人员能够随意进入。

（4）在电力线路附近拆除脚手架不能停电时，没采取有效防护措施。

（5）拆除作业人员踩在滑动的杆件上操作。

（6）拆架过程中遇有管线阻碍时，任意割移。

（7）拆除脚手架时，违规上下同时作业。

（8）先将连墙件整层或数层拆除后再拆脚手架。

（9）拆架人员不配备工具套，随意放置工具。

（10）拆除过程中更换人员，没有重新进行安全技术交底。

（11）采用成片拽倒、拉倒法拆除。

（12）高处抛掷拆卸的杆件、部件。

8.2 脚手架事故案例

8.2.1 违规拆除连墙件外装修架倒塌事故

2001 年 9 月某日，某地一建筑工地正在使用中的脚手架突然倒塌，导致 4 名作业人员受伤。

图 8-1 脚手架倒塌
事故现场（一）

1. 事故简介

该工程脚手架东西长约 50m，高 20m，事故发生前，施工人员在脚手架上进行楼房外墙体挂花岗岩施工。正操作时，东面脚手架的中部第 7、8 排纵向水平杆向东拱出并下沉了 10～20cm，听到断裂响声，脚手架随之向下垂直坍塌，导致 4 名施工人员被散落的钢管砸伤头部。坍塌的脚手架为东墙面脚手架，其余部分因受牵引而被拉成斜梯状，如图 8-1 所示。

2. 事故分析

（1）脚手架搭设前未按照规定编制施工方案，脚手架搭设构造尺寸是由项目负责人凭经验自行确定的。

（2）立杆间距过大，最大处超过 2m。

（3）装修施工过程中，部分连墙件被提前拆除。

（4）严重超载，在脚手架上集中堆放大理石，施工荷载达到 $4.0kN/m^2$，超过装修脚手架 $2.0kN/m^2$ 的施工均布活荷载标准值的 100%。

（5）工地安全员监督管理不到位，没有及时发现超载使用及提前拆除连墙件现象。

3. 防范措施

（1）脚手架搭设前必须由专业技术人员编制专项施工方案，由施工单位技术负责人组织施工技术、安全、质量等部门的专业技术人员进行审核。审核合格，由施工单位技术负责人审批；实行施工总承包的，还应报总承包企业技术负责人审批。方案内容应包含：工程概况、周边环境、编制依据、材料选用、搭设要求、杆件间距、连墙件设置位置、连接方法、剪刀撑布置、绘制施工详图及大样图。施工方案应与施工现场搭设的脚手架类型相符，当现场因故改变脚手架类型时，必须重新修改脚手架方案并经审批后，方可施工。

（2）脚手架搭设各部位尺寸应由设计计算确定，立杆最大间距不宜大于 1.8m。

（3）在脚手架使用期间严禁拆除连墙件。连墙件的垂直间距不应大于建筑物的层高，并不应大于 4m。

（4）装修脚手架施工均布荷载标准值为 $2.0kN/m^2$。

（5）施工项目部及安全员应当严格执行定期安全检查制度，并经常进行不定期的、随机的检查，及时发现问题和事故隐患，要按照"定人、定时间、定措施"的原则进行及时整改，并进行复查，消防事故隐患，防止职工伤亡事故的发生。

8.2.2 违反操作程序拆除脚手架倒塌事故

2005 年 10 月某日，某市一脚手架正在拆除过程中突然坍塌，造成 2 名作业人员当场死亡，2 人重伤，10 人轻伤，一辆汽车被压在脚手架下，如图 8-2 所示。

1. 事故简介

某市闹市区临街一栋 27m 高建筑物的落地脚手架，当拆除至 18m 时，架体出现晃动，随即整体坍塌，造成 10 名作业人员从架体坠落。其中，2 人当场死亡，2 人重伤，6 人轻伤，4 名地面人员被部件击伤，临街路边一辆轿车被压在脚手架下。

图 8-2　脚手架倒塌事故现场（二）

事故现场的脚手架紧贴着公路搭建，四周也没有防护围墙和明显的警示标志。

2. 事故分析

（1）拆除前，项目技术人员没有向作业人员进行安全技术交底，操作工人凭借经验进行拆除作业。

（2）拆除脚手架前施工现场没有设置警戒区，标志警戒范围并派专人警戒，也没有清理架体附近场地，移走汽车等物品。

（3）在脚手架拆除之前，已有杆件缺少连接扣件现象，没有补齐加固。

（4）在拆除过程中，剪刀撑、连墙件拆除速度快于其他杆件 4 步脚手架。

（5）部分作业人员不具备从事脚手架搭设拆除作业资格，从事拆除作业的 10 人中只有 2 人取得"特种作业人员安全操作证书"。

3. 防范措施

（1）脚手架拆除作业前，施工单位负责项目管理的技术人员应当就有关安全施工的技术要求向施工作业班组、作业人员进行安全技术交底，并由双方签字确认。安全技术交底的主要内容包括：工程概况、脚手架工程的危险部位、应采取的具体预防措施、作业中应注意的安全事项、遵守的安全操作规程和规范、发现事故隐患应采取的措施，以及发生事故后应及时采取的躲避和急救措施等。

（2）脚手架拆除作业前，应当清理场地，移走无关物品、器具，设立警戒区，拉好警戒围栏，派专人进行警戒，防止无关人员、车辆等进入坠落区。

（3）脚手架拆除作业前，应对脚手架进行全面检查，检查扣件连接、连墙件、支撑体系等是否符合构造要求，不符合的应当补齐加固后方可施工。

（4）脚手架剪刀撑、连墙件应当随拆除进度与其他杆件一起拆除，不得一次性全部拆除。

（5）施工现场施工各方管理人员及安全管理人员应对拆除作业进行巡查，及时纠正违章作业。

（6）现场安全技术管理人员应对拆除作业进行巡查，及时纠正违章作业。

（7）从事脚手架搭设拆除作业的人员必须接受专门安全操作教育培训，经建设行政主管部门考核合格，取得"特种作业人员安全操作证书"持证上岗。

8.2.3 中厅模板支架倒塌事故

2005年某月5日，某项目2号组团工程项目，在混凝土浇筑时，楼盖模板支架系统坍塌，造成8人死亡，21人受伤。事故现场如图8-3所示。

图8-3 模架倒塌事故现场

1. 事故简介

如图8-4所示，坍塌的模板支撑架位于该工程纵向9~11轴（两跨，长2×8.4m）、横向B~E轴（三跨，长3×8.4m）；1~5层厅堂部位，总高度21.8m；楼盖顶板为四周支于框架梁上的预应力空心楼板（厚550mm，板内预埋 ϕ400mm 的 GBF 管）。顶板面积423.36m²，混凝土总量198.6m³。采用混凝土输送泵、2台布料机浇筑，布料机设于⑨轴，达不到处用溜槽辅助。

施工时，中厅楼盖的三面邻跨楼盖均未浇筑混凝土（应该先浇筑），确定先浇中厅楼盖混凝土。5日17：00开始，至22：10已经接近浇筑完成。此时，从楼盖的西南部位突然发生谷陷式垮塌，楼板形成"V"形下折，支架立柱多波弯曲，随即9~11轴/B~E轴间的整个顶板连同布料机一起垮塌下来，砸落在地下一层顶板上（±0.000），整个过程只持续了数秒钟。其中，来不及撤离的8名作业人员，随坍塌的楼板坠落，被混凝土掩埋。塌落的混凝土、钢筋、模板、支架等绞缠在一起，形成0.5~

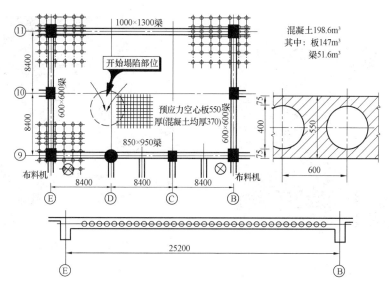

图 8-4　模架倒塌事故平面示意图

2.0m 厚度不等的堆积层，至 10 日凌晨才挖出第 8 名遇难工人。

地下一层（±0.000）楼板局部严重破坏、下沉，框架梁破损开裂，其下支架严重变形、歪斜。西南角 7～8 轴/B～C 轴间的支架则基本未遭破坏。

对残存模板支架现场勘测情况，如图 8-5～图 8-8 所示。

图 8-5　残存支架缺少构造措施

图 8-6　残存支架顶步立杆自由段过长

2. 事故原因分析

该工程采用扣件式钢管模板支架，调查和现场勘察发现存在以下问题：

（1）支架方案未经审批就进行搭设，在报送二稿时，支架已搭设完毕。

（2）属于应组织专家论证的项目，但没有组织论证审查。

大部分扣件螺栓拧紧力矩只有20N·m左右

图 8-7　扣件螺栓拧紧力矩不足

劣质扣件

图 8-8　扣件破损

（3）监理虽未在方案送审稿上签字，但也没有行文制止搭设和浇筑混凝土，事实上默认了混凝土的浇筑。

（4）模板支架搭设后，未进行检查验收即投入使用。

（5）模板支架接近 20m，方案中未对支架立柱上部需要增设纵横向水平杆进行加固等作出规定。

（6）支架中间未按规定设置竖向剪刀撑，未设置水平剪刀撑，水平杆也未与周边结构进行可靠拉结。

（7）支撑（顶）立杆不落地（连到横杆上），有的采用搭接接长，有的一个方向严重缺横向水平杆（有的达 3 步未设）。

（8）扫地杆普遍设置过高，多数达到 300～500mm。

（9）扣件拧紧力矩普遍达不到 40N·m，多数只有 20N·m，最低只有 10N·m，达不到 40～65N·m 的要求（当拧紧力矩为 30N·m 时，承载力要比 50N·m 时降低 20%）。

（10）扣件产品质量存在问题，按照标准螺杆长度应当达到 14mm，抽样实测多数为 11～13mm，有的只有 9mm，难以拧紧，承载力严重降低。

（11）ϕ48.3mm×3.6mm 的钢管的实际壁厚以 2.9mm 居多（壁厚每减少 0.25mm 时，其稳定承载力将降低 6.5%）。

（12）可调顶托丝杠偏小，按照标准应为 ϕ36mm 以上，实测多数只有 ϕ30～ϕ32.7mm；U 形托钢板较薄，按照标准应为 6mm 以上，实测多为 4.3mm，有的只有 3mm；托撑翼缘板高度不够，断裂和变形情况相当严重。

8.2.4 演播厅模板支架倒塌事故

某年 10 月 25 日，某城市电视台演播厅舞台在浇筑顶部混凝土时，模板支架系统失稳坍塌，造成 6 人死亡，35 人受伤。

1. 事故简介

该工程为电视台投资兴建，某大学建筑设计院设计，某建设监理公司监理，某三建公司分公司承建。该工程地下 2 层、地上 18 层，建筑面积 34000m²，采用现浇框架剪力墙结构体系。其中大演播厅总高 38m，面积为 624m²，采用扣件式钢管模板支架系统。

演播中心演播厅舞台模板支架系统搭设前，项目部按搭设顶部模板支架系统的施工方法，完成了 3 个演播厅、门厅和观众厅的施工（都没有施工方案）。

1 月，项目工程师 A 编制了《上部结构施工组织设计》，并于 1 月 30 日经项目副经理 B 和某三建分公司副主任工程师 C 批准实施。

7 月 22 日，项目开始搭设演播厅舞台顶部模板支架系统，搭设时没有施工方案，没有图纸，没有进行技术交底。项目部副经理 B 决定参照原已完成的五个厅支撑体系的三维尺寸搭设，项目施工员 D 在现场指挥施工。搭设开始 15 天后，分公司副主任工程师 C 将《模板工程施工方案》交给 D，D 接到施工方案后，向 B 做了汇报，B 答复还按以前的尺寸搭设，到最后再加固。

模板支架系统由 E 工程队组织搭设，E 系某标牌厂职工，以个人名义挂靠在三建劳务基地，6 月份进入现场从事脚手架搭设工作。事故发生时，其工程队共 17 名工人，其中 5 人无特种作业人员操作证。

事故段由木工工长 F 负责指挥搭设模板支架系统，10 月 15 日搭设完成，总面积约624m²，高度 38m。在模板支架系统搭设全过程中，没有办理自检、互检、交接检、专职检，搭设完毕后未按规定办理验收手续。

10 月 17 日开始模板安装，10 月 24 日完成。23 日，木工工长 F 向项目部副经理 B反映水平杆加固没有到位，B 即安排架子工加固，25 日浇筑混凝土时仍有 6 名架子工在进行加固工作。

10 月 25 日开始浇筑混凝土，项目质量员 G 在 8 时补发《混凝土浇捣令》，并送监理公司总监 H 签字，H 将日期改签为 24 日。浇筑现场由项目混凝土工长 I 负责指挥。

现场用两台混凝土泵同时向上输送（输送高度约 40m，泵管长度约 60m）。浇筑时，现场有混凝土工长 1 人、木工 8 人、架子工 8 人、钢筋工 2 人、混凝土工 20 人，以及建设方 3 名工作人员，共 42 人。10 月 25 日 6 时 55 分开始浇筑，至 10 时 10 分一直正常。到事故发生时，已浇筑屋面混凝土 139m³，总质量 342t，占计划浇筑量的 51%。

10时10分，混凝土浇筑工作继续由北向南单向推进，浇至主次梁交叉点区域时，大厅模板支架系统发生坍塌，屋顶模板上正在浇筑混凝土的作业人员随塌落的支架和模板坠落，坠地的人员部分被支架、楼板和混凝土掩埋。

该区域每平方米理论钢管支撑杆数为6根，但由于缺少水平联系杆，实际只有3根立杆受力，加之梁底模下木楞呈纵向布置在支架的水平钢管上，使梁底中间立杆的荷载过大，个别立杆受力达4t多，综合立杆底部未设扫地杆、步距有的达到了2.6m、立杆存在初弯曲等因素，以及混凝土泵管的冲击和振动等影响产生振动荷载，使节点区域的中间单立杆首先失稳，并随之带动相邻立杆失稳。

2. 事故原因分析

对残存模板支架现场勘测情况，如图8-9所示。经勘察分析，该模板支架系统和管理使用方面存在以下问题：

图8-9 无扫地杆、立杆步距过大、立杆接头位置设置不规范

（1）支架搭设不合理，特别是水平联系杆严重不足，三维尺寸过大，底部未设扫地杆，以及未搭设水平、竖向剪刀撑，从而导致主次梁交叉区域单立杆受荷过大，引起立杆局部失稳。

（2）梁底模的木楞放置方向不妥，导致大梁的主要荷载传至梁底中央排立杆，且该排立杆的水平联系杆不够，承载力不足，因而加剧了局部失稳。

（3）屋盖下模板支架与周围结构固定与联系不足，加大了顶部的晃动。

（4）施工组织管理混乱，安全管理失去有效控制，模板支架搭设无图纸，无专项技术交底，施工中无自检、互检等手续，搭设完成后没有组织验收；搭设开始时无施工方案，有施工方案后未按要求进行整改，支架搭设严重脱离原设计要求，致使支架承载力和稳定性不足，钢管强度和刚度不足等。

（5）施工技术管理混乱，对高大模板施工未按程序进行，支架搭设开始后送交现场的施工方案中有关模板支架设计过于简单,缺乏必要的细部构造大样图和相关的详细说明,且无计算书,导致现场支架搭设时无规范可循。

(6)总监理工程师无监理资质,监理公司未对支架搭设过程严格把关,在未对模板支架系统的施工方案审查认可的情况下即同意施工,在没有对模板支架系统验收的情况下,即签发浇捣令,导致工人在存在重大事故隐患的模板支架系统上作业。

(7)在上部浇筑屋盖混凝土时,又安排工人在模板支架下部进行加固作业,严重违反安全操作规程,是造成事故伤亡人数扩大的原因之一。

(8)施工单位安全意识淡薄,对规章制度执行情况监督管理不力,对专项施工技术管理不严。

(9)现场用工管理混乱,部分特种作业人员未持证上岗,对工人未组织进行安全教育和安全技术交底。

(10)施工现场模板支架所使用的钢管和扣件在采购、租赁过程中质量管理把关不严,部分钢管和扣件不符合质量标准。

8.2.5 门楼工程模板坍塌事故

某年 10 月 8 日,某省某县中心小学门楼工程,在进行混凝土浇筑时,现浇梁板模板整体坍塌,造成 5 人死亡,1 人重伤,2 人轻伤。

1. 事故简介

该工程为框架结构,建筑高度 8.5m,门楼净高为 6m,跨度 8.7m,建筑面积 79.8m²。该工程设计人为该校校长(无设计资质证书),施工承包人为当地的村主任、党支部书记、副书记(均无企业资质、无营业执照),承包后,又将工程转包给当地的其他村民(无资质证书,无营业执照),施工期间该村民又雇用村民 17 人浇筑混凝土。

该工程采用木模板支架系统,于 10 月 8 日开始搭设,10 月 13 日进行混凝土浇筑,下午 4 点左右现浇梁板模板整体坍塌,造成 5 人死亡,1 人重伤,2 人轻伤。

2. 事故原因分析

从事故现场检查中发现模板支架系统问题严重,搭设不合要求是造成这次事故的直接原因。主要问题如下:

(1)立柱截面小、间距大。木杆梢径最大 60mm,最小仅 30mm,与木脚手架规定梢径不小于 70mm 相差过大,间距也普遍大于规定,承载能力严重不足。

(2)地基承载力不足。地基土未夯实,立柱底部多采用红砖做基垫,垫高 300~400mm,造成地基沉降不均,立柱支撑不稳。

(3)立柱接头不符合要求。立柱接头在同一平面且采用平接接口,用板条铁钉拉结,不能保证力的传递效果。

(4)无水平支撑及剪刀撑。此门楼建筑净高 6m,模板支架立柱没有设置水平支撑及剪刀撑，模板支架整体稳定性较差。

（5）业主私自发包工程违反工程建设管理程序。该工程项目业主未按工程项目管理程序办理报建，逃避监管，并非法发包给无业人员承建，且县教育、规划等有关部门管理失职，是造成此次事故的重要原因。

（6）无从业资格人员非法设计、非法承包。工程项目设计人无设计资格，从设计图纸审查看到多处违反规范规定。施工队伍无资质，管理人员无资格，不懂相关标准规范，作业人员不懂操作规程，是造成此次事故的另一重要原因。

模 拟 练 习

一、判断题

1. 建筑工程的图纸，大多是采用投影原理绘制的。

【答案】正确

2. 三面投影图的规律是"长对正、高平齐、宽相等"。

【答案】正确

3. 读剖面图时，要对照平面图、建筑详图阅读，明确三者之间的关系。

【答案】错误

【解析】平面图、立面图上的一些内容常在剖面图中也有表示，读剖面图时，要对照平面图、立面图阅读，明确三者之间的关系。

4. 从图上量得的实际长度乘以比例，就可以知道建筑物的实际大小。

【答案】正确

5. 建筑物是由基础、墙和柱、楼地面、楼梯、屋顶、门窗等主要构配件组成的。

【答案】正确

6. 单层工业厂房承重结构常采用框架结构，主要是由柱与梁组成的立体骨架。

【答案】错误

【解析】单层工业厂房常采用排架结构，是指由柱与屋架组成的平面骨架，其间用纵向支撑及连系构件等纵向拉结。

7. 脚手架是建筑施工中不可缺少的永久性设施。

【答案】错误

【解析】为建筑施工而搭设的，能够承受一定荷载的临时操作平台，包含规范规定的各类脚手架与支撑架，统称为脚手架。

8. 必要的情况下可以按设计要求在脚手架上进行短距离的建筑材料运输。

【答案】正确

9. 脚手架种类按搭设材料分：钢管脚手架、门式脚手架、木脚手架、竹脚手架。

【答案】错误

【解析】门式脚手架是指脚手架的构造形式。

10. 脚手架的作用是存放材料、施工操作、保证作业人员安全。

【答案】正确

11. 进行水平防护时，须采用平网，也可以用立网代替平网。

【答案】错误

【解析】进行水平防护时，必须采用平网，不得用立网代替平网。

12. 木垫板长度不小于 2m，宽度为 200mm，厚度不小于 50mm；槽钢垫板应当仰铺，规格 12～16 号。

【答案】错误

【解析】木垫板宽度不小于 200mm，厚度不小于 50mm，平行于建筑物铺设时垫板长度应不少于 2 跨；槽钢垫板应当沿纵向仰铺，规格为 12～16 号。

13. 脚手架的钢管应优先采用外径 48.3mm、壁厚 3.6mm 的焊接钢管。

【答案】正确

14. 可锻铸铁扣件的形式有直角扣件、旋转扣件和对接扣件三种。

【答案】正确

15. 木脚手板一般用厚度不小于 50mm 的杉木或松板，宽 200～300mm，长 2～6m 为宜。

【答案】正确

16. 扣件式钢管脚手架应在离地面 30cm 处，设置纵向及横向扫地杆。

【答案】错误

【解析】纵向扫地杆应采用直角扣件固定在距底座上皮不大于 200mm 处的立杆上。

17. 单排脚手架的横向水平杆不应设置在 120mm 厚墙、料石清水墙和独立柱位置。

【答案】正确

18. 脚手架底座底面标高宜高于自然地坪 50mm。脚手架基础外侧应设置排水沟进行有组织排水。

【答案】正确

19. 当脚手架下部暂不能设连墙件时可搭设抛撑，抛撑应在连墙件搭设后方可拆除。

【答案】正确

20. 脚手架立杆上部应始终高出操作层 1.0m，并进行安全防护。

【答案】错误

【解析】立杆上部应始终高出操作层 1.5m，并进行安全防护。

21. 当使用竹笆脚手板时，纵向水平杆应采用直角扣件固定在横向水平杆上，并应等间距布置，间距不应大于 400mm。

【答案】正确

22. 剪刀撑斜杆的接长宜采用搭接，搭接长度不应小于 1m，采用不少于 3 个旋转扣件固定，端部扣件盖板的边缘至杆端距离不小于 100mm。

【答案】正确

23. 剪刀撑斜杆的接长宜采用对接接长。

【答案】错误

【解析】剪刀撑斜杆的接长宜采用搭接，搭接长度不应小于 1m，采用不少于 3 个旋转扣件固定。

24. 脚手架如果必须穿过 380V 以内的电力线路并且距离在 2m 以内时，在搭设和使用期间应当切断或拆除电源，否则，必须采取可靠的绝缘措施。

【答案】正确

25. 门式钢管脚手架不仅可作为外脚手架，也可作为内脚手架或满堂脚手架。

【答案】正确

26. 门式钢管脚手架的门架与配件均为定型产品，有一定的通用性，拼装时可以混用。

【答案】错误

【解析】不同型号的门架与配件严禁混合使用。

27. 门式钢管脚手架基础不用夯实。

【答案】错误

【解析】搭设脚手架的场地必须平整坚实，回填土场地必须分层回填，逐层夯实。

28. 门架立杆离墙面净距大于 150mm 不需要防护。

【答案】错误

【解析】脚手架门架内侧立杆离墙面净距不宜大于 150mm，当大于 150mm 时应采取内挑架板或其他离口防护的安全措施。

29. 门式钢管脚手架使用的挂扣式脚手板，是挂扣在门架横杆上的专用脚手板。

【答案】正确

30. 碗扣式钢管脚手架的斜杆是在钢管的两端铆接斜杆接头而成，同横杆接头一样可装在下碗扣内，形成斜杆节点；斜杆可绕斜杆接头转动。

【答案】正确

31. 碗扣式钢管脚手架的连墙撑是使脚手架与建筑物的墙体结构等牢固连接，加强脚手架抵御竖向荷载的能力，防止脚手架倒塌且增强稳定承载力的构件。

【答案】错误

【解析】连墙件可防止脚手架倾倒，承受偏心荷载和水平荷载，并可以加强约束、提高脚手架的稳定性和承载能力。

32. 碗扣式双排钢管脚手架的搭设高度超过 40m 时，应采用分段搭设等措施。

【答案】错误

【解析】碗扣式双排钢管脚手架的搭设高度不宜超过 50m；当搭设高度超过 50m 时，应采用分段搭设等措施。

33. 斜杆应每步与立杆扣接，扣接点距碗扣节点的距离不应大于150mm；当出现不能与立杆扣接时，应与横杆扣接。

【答案】正确

34. 木脚手架的搭设顺序为：确定立杆位置（放样）→挖立杆坑→竖立杆→绑纵向水平杆→绑横向水平杆→绑抛撑、斜撑、剪刀撑等→设置连墙件→铺脚手板→搭设安全网。

【答案】正确

35. 竹脚手架的绑扎材料主要有镀锌钢丝、竹篾、塑料篾和尼龙绳等。

【答案】错误

【解析】竹脚手架的绑扎材料主要有镀锌钢丝、竹篾和塑料篾等。尼龙绳和塑料绳绑扎的绑扣易于松脱，不得使用。

36. 竹脚手架的立杆应小头朝上，上下垂直，最上面一根立杆应小头朝下，将多余部分往下错动，使立杆顶部平齐。

【答案】正确

37. 模板工程安装完毕后，应由项目经理、技术负责人组织、项目总监、安全员参加验收，不需要搭设班组长参加。

【答案】错误

【解析】模板工程安装后，应由项目经理或技术负责人组织质检员、安全员和搭设班组长进行自检。（注：搭设班组长必须参加）

38. 当梁模板支撑架立杆采用单根立杆时，立杆应设在梁模板中心线处，其偏心距不应大于25mm。

【答案】正确

39. 模板支架立杆应垂直设置，2m高度的垂直度允许偏差为15mm。

【答案】正确

40. 大模板应存放在经专门设计的存放架上，应采用两块大模板面对面存放。

【答案】正确

41. 各类模板应按规格分类堆放整齐，叠放高度一般不应超过2m。

【答案】错误

【解析】各类模板应按规格分类堆放整齐，地面应平整坚实，当无专门措施时，叠放高度一般不应超过1.6m。

42. 模板拆除一般应遵循"先拆上后拆下，先支的后拆，后支的先拆"的原则。

【答案】正确

43. 脚手架或操作平台上临时堆放的模板不宜超过3层。

【答案】正确

44. 模板及支架高度超过 15m 时，应安设避雷设施，避雷设施的接地电阻不得大于 4Ω。

【答案】正确

45. 梁模板门式钢管模板支架采用垂直梁轴线布置时，两门架间两侧立杆可设置纵向水平杆加固，不必设置交叉支撑。

【答案】错误

【解析】当垂直梁轴线布置时，在两门架间的两侧应设置交叉支撑。

46. 模板支架的可调底座顶托应采取防止砂浆、水泥浆等污物填塞螺纹的措施。

【答案】正确

47. 预压模板支架时，由于沙袋被雨水浸泡过后重量变大，使得预压荷载超过支架设计承载力易造成支架坍塌。

【答案】正确

48. 装饰装修、墙体砌筑等施工阶段，对于妨碍施工的连墙杆可以部分拆除，施工完毕后应立即恢复。

【答案】错误

【解析】装饰装修、墙体砌筑等施工阶段，不得违规随意拆除连墙件。

49. 落地式卸料平台应随脚手架一起搭设，无须单独设置立杆。

【答案】错误

【解析】落地式卸料平台可随脚手架一起搭设，但必须单独设置立杆。

50. 脚手架在拆除前应对脚手架的扣件连接、连墙件、支撑体系等是否符合构造要求作全面检查。

【答案】正确

二、单项选择题（下列各题的选项中只有一个是正确的或是最符合题意的，请将正确选项的字母填入相应的空格中）

1. 在建筑工程施工图中，凡是主要的承重构件如墙、柱、梁的位置都要用（　　）来定位。

A. 粗线　　　　　B. 细线　　　　　C. 虚线　　　　　D. 轴线

【答案】D

【解析】对于建筑物墙、柱、梁是其主要的承重构件，决定了建筑物的尺寸大小和位置，所以在建筑工程施工图中，凡是主要的承重构件如墙、柱、梁的位置都要用轴线来定位。

2. 《建筑制图标准》规定，尺寸单位除总平面图和标高以 m 为单位外，其余均以（　　）为单位。

A. dm　　　　　B. cm　　　　　C. mm　　　　　D. μm

【答案】C

【解析】《房屋建筑制图统一标准》GB/T50001—2017规定，施工图上的尺寸大小应以标注的尺寸数字为准，不应在图中直接量取；尺寸单位除总平面图和标高以米（m）为单位外，其余均以毫米（mm）为单位。

3. 常用建筑构件屋面板的代号是（　　）。

A. B   B. KB   C. WB   D. CB

【答案】C

【解析】构件代号是施工图中对常用建筑构配件使用字母表达构配件名称的一种表示方法。《房屋建筑制图统一标准》GB/T 50001—2017中规定了常用构配件的构件代号，如屋面板用"WB"。

4. 由一点放射光源所产生的空间物体的投影称为（　　）。

A. 平行投影   B. 中心投影   C. 正投影   D. 斜投影

【答案】B

【解析】投影法分为中心投影和平行投影两类。由一点放射光源所产生的空间物体的投影称为中心投影。

5. 由纵、横向的水平梁、柱和楼板刚性连接组成的结构，称为（　　）。

A. 框架结构   B. 剪力墙结构   C. 筒体结构   D. 混合结构

【答案】A

【解析】框架结构是由纵、横向的水平梁、柱和楼板刚性连接组成的结构。目前，我国框架结构多采用钢筋混凝土建造，也有采用钢框架的。

6. 在正常施工和正常使用的条件下，结构应能承受可能出现的各种荷载作用和变形而不发生破坏，称为结构的（　　）。

A. 耐久性   B. 适用性   C. 安全性   D. 抗裂性

【答案】C

【解析】结构的安全性、适用性和耐久性概括称为结构的可靠性。结构的安全性是指在正常施工和正常使用的条件下，结构应能承受可能出现的各种荷载作用和变形而不发生破坏；在偶然事件发生后，结构仍能保持必要的整体稳定性。

7. 能够承受建筑物的全部荷载，并将这些荷载传给地基的结构构件是（　　）。

A. 柱   B. 墙   C. 楼板   D. 基础

【答案】D

【解析】基础位于建筑物的最下部，起支撑建筑物的作用。它承受建筑物的全部荷载，并将这些荷载传给地基。为此要求基础必须坚固、稳定，能够承受地下水的侵蚀。

8. 建筑高度不大于（　　）m的住宅建筑为低层或多层民用建筑。

A. 24   B. 27   C. 50   D. 100

【答案】B

【解析】依据《民用建筑设计统一标准》GB 50352—2019，民用建筑按地上建筑高度或层数进行分类的相关规定：建筑高度不大于 27.0m 的住宅建筑、建筑高度不大于 24.0m 的公共建筑及建筑高度大于 24.0m 的单层公共建筑为低层或多层民用建筑。

9. 标注在建筑已完成后的表面标高是(   )。

A. 绝对高程   B. 相对高程   C. 结构标高   D. 建筑标高

【答案】D

【解析】设计图在标注相对标高时，根据所标注的位置不同可分为建筑标高和结构标高。

建筑标高是标注在建筑构配件的上面（或顶面），是装修完成后的标高。

结构标高通常标注在建筑构配件的下面（或底面），是不包括装修层的标高。

10. 一张图纸中用于填写设计单位（包括：设计人、绘图人、审批人等）的签名和日期、工程名称、图名、图纸编号等内容的是图纸的(   )。

A. 标题栏   B. 会签栏   C. 图框栏   D. 签名栏

【答案】A

【解析】每张图纸上都必须画出标题栏。标题栏应填写设计单位（包括：设计人、绘图人、审批人等）的签名和日期、工程名称、图名、图纸编号等内容；标题栏必须放置在图框的右下角，使看图的方向与看标题栏的方向一致。

11. 搭设高度(   )m 及以上落地式钢管脚手架工程需要专家论证。

A.20   B.30   C.40   D.50

【答案】D

【解析】依据山东省住房城乡建设厅 2018 年发布的《山东省房屋市政施工危险性较大分部分项工程安全管理实施细则》，搭设高度 50m 及以上落地式钢管脚手架工程需要专家论证。

12. 架体高度(   )m 及以上悬挑式脚手架工程需要专家论证。

A.20   B.30   C.40   D.50

【答案】A

【解析】依据山东省住房城乡建设厅 2018 年发布的《山东省房屋市政施工危险性较大分部分项工程安全管理实施细则》，分段架体搭设高度 20m 及以上悬挑式脚手架工程需要专家论证。

13. 专项方案应当由施工单位技术部门组织本单位施工技术、安全、质量等部门的专业技术人员进行审核。经审核合格的，由(   )签字。

A. 建设单位技术负责人   B. 施工单位技术负责人
C. 监理单位技术负责人   D. 建设局技术负责人

【答案】B

【解析】脚手架工程专项施工方案，由施工单位技术部门组织本单位施工技术、安全、质量等部门的专业技术人员进行审核。经审核合格的，由施工单位技术负责人签字。

14. 架子工在脚手架上进行高处作业时，必须系好安全带；安全带应该（　　），注意防止摆动碰撞。

A. 平挂平用　　　　B. 斜挂斜用　　　　C. 高挂低用　　　　D. 低挂高用

【答案】C

【解析】安全带应该高挂低用，注意防止摆动碰撞。若安全带低挂高用，一旦发生坠落，将增加冲击力，带来危险。

15. 为防止电动扳手插头插入电源插座时出其不意地转动，造成的伤害危险，在送电前确认电动扳手上开关为（　　）。

A. 短路状态　　　B. 闭合状态　　　C. 连接状态　　　D. 断开状态

【答案】D

【解析】为保证安全使用，电动扳手在送电前确认电动扳手上开关为断开状态，否则插头插入电源插座时电动扳手将出其不意地立刻转动，易造成伤害危险。

16. 安全网挂设前，应进行进场验收，并应按相关要求的程序和方法进行（　　）试验。

A. 拉伸　　　　　B. 破坏　　　　　C. 冲击　　　　　D. 韧性

【答案】C

【解析】安全网挂设前，应进行进场验收，并应按《安全网》GB 5725—2009要求的程序和方法进行冲击试验，不具备试验条件的，可委托有资质的检测机构进行检测。

17. 防护栏杆下边应设置严密固定的挡脚板，高度不应小于（　　）mm。

A. 100　　　　　B. 120　　　　　C. 150　　　　　D. 180

【答案】D

【解析】防护栏杆必须用安全立网封闭，或在栏杆下边设置严密固定的高度不低于180mm的挡脚板或400mm的挡脚笆。

18. 木垫板宽度不小于200mm，厚度不小于50mm，平行于建筑物铺设时垫板长度应不小于（　　）跨。

A. 1　　　　　　B. 2　　　　　　C. 3　　　　　　D. 4

【答案】B

【解析】木垫板宽度不小于200mm，厚度不小于50mm，平行于建筑物铺设时垫板长度应不少于2跨。保证木垫板长度，使垫板受力均衡，避免不均匀下沉。

19. 用于立杆、纵向水平杆和剪刀撑的钢管长度以（　　）m为宜。

A. 2. 2   B. 2. 2～4. 5   C. 3. 5～7   D. 4～6. 5

【答案】D

【解析】为便于脚手架的搭拆，确保施工安全和运转方便，每根钢管的重量应控制在 25kg 之内；横向水平杆所用钢管的最大长度不得超过 2. 2m，一般为 1. 8～2. 2m；其他杆件（主要包括：立杆、纵向水平杆和剪刀撑等）所用钢管的最大长度不得超过 6. 5m，一般为 4～6. 5m。

20. 脚手架底座底面标高宜高于自然地坪（   ）mm。

A. 20   B. 30   C. 40   D. 50

【答案】D

【解析】脚手架底座底面标高宜高于自然地坪 50mm，以防止地表水对脚手架地基和底座的侵害。

21. 扣件式钢管脚手架的立杆应均匀设置，通常其纵向间距不大于（   ）m，并应符合设计要求。

A. 1   B. 2   C. 3   D. 4

【答案】B

【解析】立杆的设置通常有单立杆和双立杆两种形式。立杆应均匀设置，通常其纵向间距不大于 2m，并应符合设计要求。

22. 两根相邻立杆的接头不应设置在同步内，同步内隔一根立杆的两个相隔接头在高度方向错开的距离不宜小于（   ）mm。

A. 200   B. 300   C. 500   D. 800

【答案】C

【解析】在搭设立杆时，要注意杆件的长短搭配使用。立杆上的对接接头应交错布置；两根相邻立杆的接头不应设置在同步内，同步内隔一根立杆的两个相隔接头在高度方向错开的距离不宜小于 500mm；各接头中心至主节点的距离不宜大于步距的 1/3。

23. 纵向水平杆步距，底层不得大于 2m，其他层不宜大于（   ）m。

A. 1. 5   B. 1. 6   C. 1. 7   D. 1. 8

【答案】D

【解析】纵向水平杆步距，底层不得大于 2m，其他层不宜大于 1. 8m。

24. 扣件式钢管脚手架的立杆和水平杆对接时应采用对接扣件，对接扣件的开口应（   ）。

A. 朝上或朝内   B. 朝上或朝外   C. 朝下或朝内   D. 朝下或朝内

【答案】A

【解析】对接扣件开口应朝上或朝内。

25. 连墙件宜靠近主节点设置，偏离主节点的距离不应大于（   ）mm。

A. 100   B. 300   C. 500   D. 700

【答案】B

【解析】连墙件宜靠近主节点设置，偏离主节点的距离不应大于300mm。只有连墙件在主节点附近方能有效地阻止脚手架发生横向弯曲失稳或倾覆，若远离主节点设置连墙件，因立杆的抗弯刚度较差，将会由于立杆产生局部弯曲，减弱甚至起不到约束脚手架横向变形的作用。

26. 既能承受拉力，又能承受压力，同时又有一定的抗弯和抗扭能力的连墙杆是（   ）。

    A. 刚性连墙件   B. 柔性连墙杆   C. 刚柔结合连墙杆   D. 拉索连墙杆

【答案】A

【解析】用钢管、扣件或预埋件等变形较小的材料将立杆与主体结构连接在一起，可组成刚性连墙件。刚性连墙件既能承受拉力，又能承受压力作用，又有一定的抗弯和抗扭能力，能抵抗脚手架相对于墙体的里倒和外张变形，也能对立杆的纵向弯曲变形有一定的约束作用。

27. 横向斜撑应在同一节间，从底到顶层呈"之"字形连续布置，斜撑杆宜采用（   ）固定在与之相交的横向水平杆的伸出端上。

    A. 直角扣件   B. 对接扣件   C. 旋转扣件   D. 绑扎连接

【答案】C

【解析】横向斜撑应在同一节间，从底到顶层呈"之"字形连续布置，斜撑杆宜采用旋转扣件固定在与之相交的横向水平杆的伸出端上，旋转扣件中心线至主节点的距离不宜大于150mm。

28. 悬挑式脚手架一般是多层悬挑，将全高的脚手架分成若干段，利用悬挑梁或悬挑架做脚手架基础分段搭设，每段搭设高度不宜超过（   ）m。

    A. 15   B. 18   C. 20   D. 24

【答案】C

【解析】悬挑脚手架一般是多层悬挑，将全高的脚手架分成若干段，利用悬挑梁或悬挑架做脚手架基础分段搭设，每段搭设高度不宜超过20m。

29. 悬挑式脚手架悬挑梁悬出部分不宜超过2m，放置在楼板上的型钢长度应为悬挑部分的（   ）倍。

    A. 1.0   B. 1.25   C. 1.5   D. 1.75

【答案】B

【解析】型钢悬挑梁锚固端长度应不小于悬挑段长度的1.25倍。

30. 扣件式钢管脚手架拆除作业时，严禁（   ）拆除。

    A. 由上而下   B. 按层按步

C. 先结构件后附墙件　　　　　　　D. 上下同时

【答案】D

【解析】拆除脚手架严禁上下同时作业。架子拆除程序应由上而下，按层按步拆除。按照先拆后搭的杆件，先架面材料后构架材料，先结构件后附墙件的顺序拆除。剪刀撑、连墙件不能一次性全部拆除，杆拆到哪一层，剪刀撑、连墙件才能拆到哪一层。

31. 悬挑式卸料平台的主梁或次梁，禁止使用（　　）。

　　A. 工字钢　　　　　B. 槽钢　　　　　C. 脚手架钢管　　　D. H 型钢

【答案】C

【解析】悬挑式卸料平台的主梁和次梁应用工字钢或槽钢制作，禁止使用脚手架钢管。

32. 扣件式钢管脚手架拆除前，工程项目及架工班组要向（　　）人员进行书面安全交底工作。

　　A. 现场技术管理　　B. 拆架施工　　　C. 现场安全管理　　D. 现场监理管理

【答案】B

【解析】拆除前，工程项目及架工班组要向拆架施工人员进行书面安全交底工作。交底要有记录，交底内容要有针对性，拆架子的注意事项必须讲清楚。

33. 门式脚手架的调节门架主要作用是调节门式脚手架的（　　）。

　　A. 竖向高度　　　　B. 宽度　　　　　C. 倾斜程度　　　　D. 变形程度

【答案】A

【解析】调节门架主要用于调节门架竖向高度，以适应作业层高度变化时的需要。

34. 门式脚手架顶端宜高出女儿墙上端或檐口上端（　　）m。

　　A. 2. 0　　　　　　B. 1. 8　　　　　C. 1. 6　　　　　　D. 1. 5

【答案】D

【解析】脚手架顶端宜高出女儿墙上端或檐口上端1.5m。

35. 下列门式钢管脚手架的搭设顺序正确的是（　　）。

　　A. 自两端向中间延伸，并逐层改变搭设方向，自下而上按步架设

　　B. 自两端向中间延伸，并逐层统一搭设方向，自下而上按步架设

　　C. 自一端向另一端延伸，并逐层改变搭设方向，自下而上按步架设

　　D. 自一端向另一端延伸，并逐层统一搭设方向，自下而上按步架设

【答案】C

【解析】门式钢管脚手架的搭设应自一端向另一端延伸，并逐层改变搭设方向，自下而上按步架设。每搭设完 2 步，应当检查并调整其水平度与垂直度，减少误差积累。

36. 上下榀门架立杆应在同一轴线位置上，轴线偏差不应大于（　　）mm。

A. 1   B. 2   C. 3   D. 4

【答案】B

【解析】脚手架搭设完毕后应按《建筑施工门式钢管脚手架安全技术规范》JGJ128—2010 的要求对脚手架各部分的尺寸允许偏差进行检查验收，其中上下榀门架立杆轴线偏差应≤2.0mm。

37. 门式脚手架用于在垂直方向连接上、下榀门架的部件是( )。

    A. 直角扣件   B. 对接扣件   C. 连接棒   D. 连接螺栓

【答案】C

【解析】连接棒与锁臂是用于在垂直方向连接上、下榀门架的部件；上、下榀门架的组装必须设置连接棒与锁臂，连接棒直径应当小于立杆内径 1~2mm。

38. 在门式脚手架非作业层上代替脚手板而挂扣在门架横杆上的水平构件是( )。

    A. 纵向水平杆   B. 脚手板   C. 横向水平杆   D. 水平架

【答案】D

【解析】门式脚手架的水平架由横杆、短杆和搭钩焊接而成，可与门架横杆自锚连接，是用于脚手架非作业层上代替脚手板而挂扣在门架横杆上的水平构件。

39. 当搭设高度在 24m 及以下时，在门式脚手架的转角处、两端及中间间隔不超过 15m 的外侧立面必须各设置一道( )，并应由底至顶连续设置。

    A. 竖向剪刀撑   B. 水平剪刀撑   C. 抛撑   D. 横向支撑

【答案】A

【解析】当搭设高度在 24m 及以下时，在脚手架的转角处、两端及中间间隔不超过 15m 的外侧立面必须各设置一道竖向剪刀撑，并应由底至顶连续设置。

40. 碗扣式钢管脚手架的核心部件是( )。

    A. 立杆   B. 横杆   C. 碗扣接头   D. 定位销

【答案】C

【解析】碗扣接头是碗扣式脚手架系统的核心部件，它由上碗扣、下碗扣、横杆接头和上碗扣的限位销等组成。

41. 碗扣接头最多可同时连接( )根横杆，可以互相垂直或偏转一定角度。

A. 1   B. 2   C. 3   D. 4

【答案】D

【解析】碗扣接头可同时连接 4 根横杆，可以互相垂直或偏转一定角度。

42. 碗扣式钢管脚手架的允许搭设高度与( )设置有关。

    A. 剪刀撑   B. 连墙杆   C. 横杆   D. 立杆长度

【答案】B

【解析】脚手架的允许搭设高度与连墙杆设置有关，连墙件将脚手架所承受的部分荷载尤其是风荷载传递到建筑物上，可以防止脚手架倾倒，并承受偏心荷载和水平荷载，还可以加强约束、提高脚手架的稳定性和承载能力。

43. 碗扣式钢管脚手架在搭设过程中应组织阶段性检查验收，检查验收的第三阶段是( )。

A. 首段高度为 6m 时的检查　　　　B. 停工超过一个月恢复使用前的检查

C. 达到设计高度后的全面检查　　　D. 架体随施工进度的定期检查

【答案】C

【解析】在碗扣式脚手架搭设过程中，应随时进行检查，及时解决存在的结构缺陷，同时按照以下时间段组织阶段性检查验收：

（1）首段高度为 6m 时进行第一阶段（摽底阶段）的检查与验收。

（2）第二阶段为架体随施工进度应定期进行的检查。

（3）第三阶段为达到设计高度后进行全面的检查与验收。

44. 当碗扣式脚手架搭设高度大于 24m 时，顶部 24m 以下所有的连墙件层必须设置( )。

A. 水平斜杆　　　B. 水平横杆　　　C. 水平梁架　　　D. 水平脚手板

【答案】A

【解析】当脚手架高度大于 24m 时，顶部 24m 以下所有的连墙件层必须设置水平斜杆，水平斜杆应设置在纵向横杆之下。

45. 下列碗扣式钢管脚手架搭设组装顺序正确的是( )。

A. 立杆底座→立杆→横杆→接头锁紧→斜杆→连墙体→上层立杆→立杆连接销→横杆

B. 立杆底座→立杆→斜杆→横杆→连墙体→上层立杆→立杆连接销→接头锁紧→横杆

C. 立杆底座→立杆→横杆→连墙体→斜杆→接头锁紧→横杆→上层立杆→立杆连接销

D. 立杆底座→立杆→横杆→斜杆→连墙件→接头锁紧→上层立杆→立杆连接销→横杆

【答案】D

【解析】碗扣式钢管脚手架的搭设顺序是：

安放立杆底座或立杆可调底座→树立杆、安放扫地杆→安装底层（第一步）水平杆→安装斜杆→接头销紧→铺放脚手板→安装上层立杆→紧立杆连接销→安装横杆→设置连墙件→设置人行梯→设置剪刀撑→挂设安全网。

46. ( )是保证木脚手架受力性能和整体稳定性的关键部件。

A. 横向水平杆　　　B. 纵向水平杆　　　C. 绑扎材料　　　D. 抛撑

【答案】C

【解析】木脚手架的节点是脚手架主要受力和传递荷载的部位，因此，绑扎材料是保证木脚手架受力性能和整体稳定性的关键部件，对于外观检查不合格和材质不符合要求的绑扎材料严禁使用，绑扎材料不得重复使用。

47. 为提高竹脚手架的横向刚度，应设置水平斜撑；下列水平斜撑的设置不正确的是(　　)。

A. 设置在脚手架两道连墙件之间的步架平面内

B. 设置在脚手架有连墙件的步架平面内

C. 斜撑两端与立杆应绑扎呈"之"字形

D. 与连墙件相连的立杆必须作为绑扎点

【答案】A

【解析】为提高竹脚手架的横向刚度，水平斜撑应设置在脚手架有连墙件的步架平面内，斜撑两端与立杆应绑扎呈"之"字形，其中与连墙件相连的立杆必须作为绑扎点。

48. 竹脚手架的抛撑与地面应成 45°～60° 角，底端埋入土中深度不得小于(　　)m。

A. 0.1　　　　　B. 0.3　　　　　C. 0.4　　　　　D. 0.5

【答案】D

【解析】竹脚手架的抛撑应进行可靠固定，抛撑与地面应成 45°～60° 角，底端埋入土中深度不得小于 0.5m。

49. 木脚手架斜撑或剪刀撑的斜杆底端应埋入土内；当不能埋地时，应用镀锌钢丝牢固绑扎在(　　)交合处。

A. 扫地杆　　　　B. 立杆　　　　C. 横向水平杆　　　D. 纵向水平杆

【答案】B

【解析】木脚手架的斜撑或剪刀撑斜杆底端应埋入土内。当不能埋地时，应用镀锌钢丝牢固绑扎在立杆交合处。

50. "一"字型或开口型竹脚手架的两端应设置(　　)，并应沿竖向每步设置一个。

A. 抛撑　　　　B. 水平斜撑　　　　C. 连墙件　　　　D. 横向支撑

【答案】C

【解析】"一"字型、开口型脚手架的两端应设置连墙件，连墙件应沿竖向每步设置一个。

51. 拆除竹脚手架的剪刀撑时，应(　　)的绑扎点。

A. 先拆上端   B. 先拆中间

C. 先拆下端   D. 上、下两端同时拆

【答案】B

【解析】拆除竹脚手架的纵向水平杆、剪刀撑时，应先拆中间的绑扎点，后拆两头的绑扎点，由中间的拆除人员往下传递杆件。

52. 平面形状为正方形或六角形的烟囱外脚手架搭设高度不宜超过（　　）m。

A. 40   B. 50   C. 60   D. 80

【答案】A

【解析】平面形状为正方形或六角形的烟囱外脚手架，高度不宜超过 40m。

53. 烟囱、水塔等圆形和方形建筑物施工时，一般搭设正方形、六角形、八角形等多边形外脚手架，脚手架严禁使用（　　）。

A. 三排架   B. 双排架   C. 单排架   D. 均不适用

【答案】C

【解析】烟囱、水塔等圆形和方形建筑物施工时，一般等同正方形、六角形、八角形等多边形外脚手架，均采用双排或三排架，严禁使用单排架。

54. 外电防护架的主要目的是增设屏障、遮栏、围栏等与外电线路实现强制性绝缘隔离，下列不适宜直接用于外电防护架的是（　　）。

A. 木制外电防护架   B. 竹制外电防护架

C. 塑料外电防护架   D. 钢管外电防护架

【答案】D

【解析】外电防护的主要措施是进行绝缘隔离，可采用木、竹或其他绝缘材料增设屏障、遮栏、围栏等与外电线路实现强制性绝缘隔离，这些措施通常都需要搭设一个架体，施工上将这种外电线路防护架简称为外电防护架。钢管具有导电性能，不能直接用于外电防护架。

55. 搭设外电防护架时，必须经有关部门批准，采用线路暂时停电或其他可靠的安全技术措施，并有（　　）和专职安全人员监护。

A. 土建工程技术人员   B. 电气工程技术人员

C. 监理工程师   D. 建设单位管理人员

【答案】B

【解析】搭设外电防护架时，必须经有关部门批准，采用线路暂时停电或其他可靠的安全技术措施，并有电气工程技术人员和专职安全人员监护。

56. 当外电线路电压为 110kV 时，外电防护架与外电线路之间的最小安全距离为（　　）m。

A. 1   B. 2   C. 2. 5   D. 3

【答案】C

【解析】外电防护架必须与外电线路保持一定的安全距离。安全距离不应小于本书表 6-7 所列数值。当外电线路电压为 110kV 时，外电防护架与外电线路之间的最小安全距离查表 6-7 为 2.5m。

57. 在板模和梁板模支架中，规范规定模板支架搭设高度高于(   )m 的，称为"高支撑架"。

A. 4   B. 6   C. 8   D. 10

【答案】C

【解析】根据山东省住房城乡建设厅于 2018 年发布《山东省房屋市政施工危险性较大分部分项工程安全管理实施细则》，在板模和梁板模支架中，模板支架搭设高度高于 8.0m 的，称为"高支撑架"，如饭店大堂、剧院、演播厅等的楼屋盖模板工程，结构复杂，施工技术和安全要求较高。

58. 为保证模板支架的整体刚度，防止模板支架横向位移，在模板支架水平方向设置的交叉斜杆，称为(   )。

A. 水平剪刀撑   B. 竖向剪刀撑   C. 纵向水平杆   D. 横向水平杆

【答案】A

【解析】水平剪刀撑：是指在模板支架水平方向设置的交叉斜杆，主要作用是保证模板支架的整体刚度，防止支架横向位移。

59. 当有既有建筑结构时，碗扣式钢管模板支撑架应采用连墙杆与既有建筑结构可靠连接，连接点竖向间距不宜超过两步，并应与(   )同层设置。

A. 立杆   B. 水平杆   C. 水平剪刀撑   D. 脚手板

【答案】B

【解析】当有既有建筑结构时，模板支撑架应采用连墙杆与既有建筑结构可靠连接，连接点竖向间距不宜超过两步，并应与水平杆同层设置。

60. 碗扣式钢管模板支撑架每根立杆的顶部均应设置(   )。

A. 可调底座   B. 固定底座   C. 可调托撑   D. 固定托撑

【答案】C

【解析】为能够对碗扣式钢管模板支撑架每根立杆的顶部标高进行调整，模板支撑架每根立杆的顶部均应设置可调托撑。

61. 碗扣式钢管模板支撑架在搭设施工前，应根据工程施工要求，选定支撑架的构造形式及尺寸，画出模板支撑架(   )。

A. 剖面图   B. 构造详图   C. 节点大样图   D. 组装图

【答案】D

【解析】碗扣式钢管模板支撑架在搭设施工前，应根据工程施工要求，选定支撑架的构造形式及尺寸，画出组装图，以方便模板支撑架各杆件的选材和连接，保证搭设顺利进行。

62. 当梁模板门式钢管模板支架的支架高度较高或荷载较大时，可通过设置门架调节架提高门式支撑架的高度，同时必须按计算要求设置(　　)。

A. 水平加固杆　　　B. 水平横杆　　　C. 水平剪刀撑　　　D. 竖向剪刀撑

【答案】A

【解析】通过设置门架调节架可以提高门式支撑架的高度，但必须经受力计算，按要求设置水平加固杆。

63. 模板支撑架或操作平台上临时堆放的模板不宜超过(　　)。

A.1 层　　　　　B.2 层　　　　　C.3 层　　　　　D.4 层

【答案】C

【解析】模板集中堆放是集中荷载，在模板支撑架或操作平台上临时堆放的模板不宜超过 3 层。

64. 模板支撑架必须在混凝土结构达到规定的(　　)后才能拆除。

A. 刚度　　　　　B. 强度　　　　　C. 硬度　　　　　D. 稳定性

【答案】B

【解析】模板支撑架是支撑由模板传递的荷载，这些荷载主要包括：钢筋、混凝土以及模板的自重，施工人员和施工机具荷载，风荷载等多种荷载作用。只有当混凝土构件的混凝土达到一定的强度后，部分荷载可以由构件自身承担，所以，模板支撑架必须在混凝土结构达到规定的强度后才能拆除。

65. 门式钢管模板支撑架的门架立柱下部纵横向必须设置(　　)，并应采用扣件与立杆扣紧。

A. 水平剪刀撑　　　B. 抛撑　　　　　C. 斜撑　　　　　D. 扫地杆

【答案】D

【解析】门架立柱下部的纵横向必须设置扫地杆，并应采用扣件与立杆扣紧，防止支撑架立柱出现不均匀沉降。

66. 用于直接承受主、次楞传来的荷载，并可调整各立杆的支撑高度，插于立杆顶部能够调整支托高度的顶撑，称为(　　)。

A. 可调底座　　　B. 固定底座　　　C. 固定托撑　　　D. 可调托撑

【答案】D

【解析】可调托撑是插于立杆顶部能够调整支托高度的顶撑，用于直接承受主、次楞传来的荷载，并可调整各立杆的支撑高度。

67. 下列不属于连墙件设置不符合要求的是(　　)。

A. 装饰装修、墙体砌筑等阶段，违规随意拆除连墙件

B. 违规使用仅能承受拉力、仅有拉筋的柔性连墙件

C. 脚手架立杆未设扫地杆

D. 对高度在24m以上的脚手架未采用刚性连墙件

【答案】C

【解析】C是关于扫地杆的设置，与连墙杆无关。ABD均为连墙杆设置不符合要求。

68. 下列易发生脚手架基础不均匀沉降的是(　　)。

　A. 纵向扫地杆距底座上皮不大于200mm

　B. 地基土上直接搭设架体时，立杆底部不铺垫垫板

　C. 立杆对接接头没有交错布置，同一步内接头较集中

　D. 脚手板接头铺设不规范，出现长度大于150mm的探头板

【答案】B

【解析】B地基土未夯实，立杆底部不铺垫垫板，使地基受力不均匀，易造成脚手架立杆出现不均匀沉降。A满足要求；C立杆接头集中易造成立杆受附加应力，或造成立杆变形、弯曲；D探头板易造成操作层发生危险，如脚手板倾覆或受力坠落。

69. 在脚手架上进行电、气焊作业时，应按规定设置(　　)。

　A. 防火措施　　　　B. 防烟措施　　　　C. 防震措施　　　　D. 防雷措施

【答案】A

【解析】在脚手架上进行电、气焊作业时，没有防火措施，易造成火灾或有火灾隐患。

70. 脚手架拆除过程中如更换施工作业人员，应重新进行(　　)。

　A. 制定施工方案　　B. 变更拆除顺序　　C. 更换施工工具　　D. 安全技术交底

【答案】D

【解析】拆除过程中如更换人员，应重新进行对施工班组的人员进行安全技术交底，保证更换人员对工程安全施工的了解，确保施工工程安全。

三、多项选择题（每题的备选项中，有2个或2个以上符合题意，至少有1个错项，请将正确选项的字母填入相应的空格中）

1. 荷载是指施加在工程结构上使工程结构或构件产生效应的各种力的直接作用，荷载随时间的变异分类有(　　)。

　A. 永久荷载　　　　　　　　　B. 可变荷载

　C. 偶然荷载　　　　　　　　　D. 荷载标准值

　E. 荷载组合值

【答案】ABC

【解析】荷载按随时间的变异分类分为：永久作用（也称永久荷载或恒载）、可变

作用（也称可变荷载或活荷载）、偶然作用（也称偶然荷载或特殊荷载）。荷载标准值和荷载组合值是指荷载值的大小以及荷载组合的形式和方法。

2. 下列荷载作用中属于可变荷载的有（　　）。

A. 吊车制动力　　　　　　　　B. 风荷载

C. 积灰荷载　　　　　　　　　D. 楼板自重

E. 雪荷载

【答案】ABCE

【解析】可变作用（也称可变荷载或活荷载）是指在设计基准期内，其荷载值随时间变化。如安装荷载、屋面与楼面上的活荷载、雪荷载、风荷载、吊车荷载、积灰荷载等均会随着时间的改变荷载的数值大小也会改变。楼板自重不会随时间的改变而改变。

3. 图样中尺寸标注由（　　）组成。

A. 尺寸单位　　　　　　　　　B. 尺寸线

C. 尺寸界线　　　　　　　　　D. 尺寸起止符号

E. 尺寸数字

【答案】BCDE

【解析】尺寸标注由尺寸线、尺寸界线、尺寸起止符号（45°短线或箭头）和尺寸数字组成。尺寸单位在工程图中规定为除总平面图和标高以米（m）为单位外，其余均以毫米（mm）为单位，在尺寸标注时不必表达。

4. 下列属于框架结构构件的是（　　）。

A. 剪力墙　　　　　　　　　　B. 柱

C. 筒体　　　　　　　　　　　D. 楼板

E. 纵、横向的水平梁

【答案】BDE

【解析】框架结构是由纵、横向的水平梁、柱和楼板刚性连接组成的结构。剪力墙和筒体分别为剪力墙结构和筒体结构的结构构件。

5. 下列需要编制专项施工方案的脚手架工程是（　　）。

A. 搭设高度18m的落地式钢管脚手架工程

B. 悬挑式脚手架工程

C. 移动操作平台工程

D. 搭设高度4m的模板支撑架工程

E. 附着式整体和分片提升脚手架工程

【答案】BCE

【解析】山东省住房城乡建设厅于2018年发布《山东省房屋市政施工危险性较大

分部分项工程安全管理实施细则》，对于下列危险性较大的脚手架工程和混凝土模板支撑工程需要编制专项施工方案：

（1）需要编制专项施工方案的脚手架工程

1）搭设高度 24m 及以上的落地式钢管脚手架工程。

2）附着式整体和分片提升脚手架工程。

3）悬挑式脚手架工程。

4）吊篮脚手架工程。

5）自制卸料平台、移动操作平台工程。

6）新型及异型脚手架工程。

（2）需要编制专项施工方案的模板工程

1）各类工具式模板工程：大模板、滑模、爬模、飞模等工程。

2）混凝土模板支撑工程：搭设高度 5m 及以上；搭设跨度 10m 及以上；施工总荷载 $10kN/m^2$ 及以上；集中线荷载 15kN/m 及以上；高度大于支撑水平投影宽度且相对独立无联系构件的混凝土模板支撑工程。

3）承重支撑体系：用于钢结构安装等满堂支撑体系。

6. 下列属于临边作业防护栏杆组成的是（ ）。

A. 安全平（立）网   B. 立杆

C. 剪刀撑   D. 横杆

E. 挡脚板

【答案】ABDE

【解析】临边作业的防护栏杆应由立杆、横杆、挡脚板以及安全平（立）网组成。由于防护栏杆的支撑高度不大，又有下横杆水平联系立杆，故一般不设置剪刀撑。

7. 对于连墙件构造设置的基本要求，下列说法正确的是（ ）。

A. 杆件间的连接必须可靠，扣件必须拧紧

B. 装设连墙件时，应保证立杆的垂直度要求

C. 连墙件必须采用可承受拉力和压力的构造

D. 连墙件宜呈水平设置，当不能水平设置时，与脚手架连接的一端容许稍向上斜

E. 当脚手架下部暂不能设连墙件时可搭设剪刀撑

【答案】ABC

【解析】连墙件构造设置的基本要求是：

（1）杆件间的连接必须可靠，扣件必须拧紧；垫木必须夹持稳固，避免脱出。

（2）装设连墙件时，应保证立杆的垂直度要求。

（3）连墙件必须采用可承受拉力和压力的构造。

（4）连墙件中的连墙杆或拉筋宜呈水平设置，当不能水平设置时，与脚手架连接

的一端容许稍向下斜，不允许采用上斜连接。

（5）架高超过 40m 且有风涡流作用时，应采取抗上升翻流作用的连墙措施。

（6）当脚手架下部暂不能设连墙件时可搭设抛撑；抛撑应在连墙件搭设后方可拆除。

8. 下列对于抛撑的说法，正确的是（　　）。

A. 抛撑是指设在脚手架周围，横向撑住脚手架的斜杆

B. 脚手架搭设高度在 7 步以下时，可采用抛撑方法保持脚手架架体的稳定

C. 抛撑应与连墙杆配合使用，设置抛撑的部位必设连墙杆

D. 抛撑应采用通长杆件与脚手架可靠连接，与地面的倾角应为 60°～75°

E. 抛撑与架体连接点中心至主节点的距离不应大于 300mm

【答案】ABE

【解析】抛撑是指设在脚手架周围，横向撑住脚手架的斜杆。脚手架搭设高度在 7 步以下时，可采用抛撑方法保持脚手架架体的稳定。抛撑的设置应符合以下规定：

（1）抛撑应采用通长杆件与脚手架可靠连接，与地面的倾角应为 45°～60°。

（2）抛撑与架体连接点中心至主节点的距离不应大于 300mm。

9. 脚手板的设置应符合下列（　　）要求。

A. 作业层脚手板离开墙面 120～150mm

B. 作业层端部脚手板探头长度应为 130～150mm，其板长两端均应与支撑杆可靠地固定

C. 凡脚手板伸出横向水平杆以外大于 100mm 的称为探头板，严禁探头板出现

D. 当脚手板长度小于 2m 时，可采用两根横向水平杆支承，但应将脚手板两端与其可靠固定，严防倾翻

E. 冲压钢脚手板、木脚手板、竹串片脚手板等，应设置在 2 根横向水平杆上

【答案】ABD

【解析】脚手板是工人施工操作和堆放物料的平台，它主要承受施工荷载。脚手板的设置应符合下列要求：

（1）作业层脚手板应铺满、铺稳，离开墙面 120～150mm。

（2）冲压钢脚手板、木脚手板、竹串片脚手板等，应设置在 3 根横向水平杆上。当脚手板长度小于 2m 时，可采用 2 根横向水平杆支承，但应将脚手板两端与其可靠固定，严防倾翻。

（3）作业层端部脚手板探头长度应为 130～150mm，其板长两端均应与支承杆可靠地固定。

（4）凡脚手板伸出横向水平杆以外大于 150mm 的称为探头板，严禁探头板出现。

10. 扣件式钢管脚手架的刚性连墙件常用的构造形式有（　　）。

A. 在主体结构内预埋 ϕ6mm 钢筋与架体拉结

B. 单杆穿墙夹固

C. 双杆窗口夹固

D. 双杆箍柱式

E. 用双股 8 号镀锌钢丝与架体拉结

【答案】BCD

【解析】扣件式钢管脚手架的刚性连墙件构造常用形式有：单杆穿墙夹固式、单杆窗口夹固式、双杆穿墙夹固式、双杆窗口夹固式、单杆箍柱式、双杆箍柱式和埋件连固式。

扣件式钢管脚手架的柔性连墙件是采用钢丝、钢筋等做拉结筋将立杆与主体结构连接在一起。柔性连墙件只能承受拉力作用，不具有抗弯、抗扭作用，只能限制脚手架向外倾倒，不能防止脚手架向里倾斜，因此应与顶撑配合使用。

11. 下列符合斜道构造要求的是( )。

A. 斜道两侧、端部及平台外围，必须设置剪刀撑

B. 运料斜道宽度不宜小于 1.3m

C. 斜道栏杆高度应为 0.9m，挡脚板高度不应小于 180mm

D. 宽度大于 2m 的斜道，在脚手板下的横向水平杆下，应设置"之"字形横向支撑

E. 人行斜道宽度不宜小于 1m，坡度宜采用 1：3

【答案】ADE

【解析】斜道的构造应符合下列要求：

(1) 斜道宜附着外脚手架或建筑物设置，但斜道与建筑物结构应有有效拉结。

(2) 斜道两侧、端部及平台外围，必须设置剪刀撑。

(3) 宽度大于 2m 的斜道，在脚手板下的横向水平杆下，应设置"之"字形横向支撑。

(4) 运料斜道宽度不宜小于 1.5m，坡度宜采用 1：6（高：长）；人行斜道宽度不宜小于 1m，坡度宜采用 1：3。

(5) 拐弯处应设置平台，其宽度不应小于斜道宽度。

(6) 斜道两侧及平台外围均应设置栏杆及挡脚板。栏杆高度应为 1.2m，挡脚板高度不应小于 180mm。

(7) 运料斜道两侧、平台外围和端部均应按连墙件的规定设置连墙件。每两步应加设水平斜杆及剪刀撑和横向斜撑。

12. 下列属于脚手架验收和日常检查的是( )，检查合格后方允许投入使用或继续使用。

A. 脚手架基础完工后及架体搭设前

B. 搭设达到设计标高后

C. 每搭设完一步架的高度后

D. 连续使用达到 6 个月

E. 停用超过 1 个周

【答案】ABD

【解析】脚手架的验收和日常检查按以下规定进行，检查合格后方允许投入使用或继续使用。

（1）脚手架基础完工后及架体搭设前。

（2）搭设达到设计标高后。

（3）每搭设完 10～13m 高度后。

（4）作业层上施加荷载前。

（5）遇有六级风与大雨、大雪、地震等强力因素作用之后及寒冷地区开冻后。

（6）连续使用达到 6 个月。

（7）停用超过 1 个月。

（8）在使用过程中，发现有显著的变形、沉降、拆除杆件和拉结以及安全隐患存在的情况时。

13. 脚手架使用中，应定期检查的项目有（   ）。

A. 地基是否积水，底座是否松动，立杆是否悬空

B. 扣件螺栓是否松动

C. 立杆的沉降与垂直度的偏差是否符合规范规定

D. 搭设一个楼层高度

E. 是否超载

【答案】ABCE

【解析】脚手架使用中，应定期检查下列项目：

（1）地基是否积水，底座是否松动，立杆是否悬空。

（2）杆件的设置需要和连接，连墙件、支撑、门洞桁架等的构造是否符合要求。

（3）扣件螺栓是否松动。

（4）立杆的沉降与垂直度的偏差是否符合规范规定。

（5）安全防护措施是否符合要求。

（6）是否超载。

14. 单排脚手架不适用于下列（   ）情况。

A. 墙体厚度小于或等于 180mm

B. 建筑物高度不超过 24m

C. 空斗砖墙、加气块墙等轻质墙体

D. 240mm 厚度以上的砖砌体墙

E. 砌筑砂浆强度等级小于或等于 M1.0 的砖墙

【答案】ACE

【解析】单排脚手架的稳定要依靠建筑墙体，一般不适用于下列情况：

(1) 墙体厚度小于或等于 180mm。

(2) 建筑物高度超过 24m。

(3) 空斗砖墙、加气块墙等轻质墙体。

(4) 砌筑砂浆强度等级小于或等于 M1.0 的砖墙。

15. 门式钢管脚手架的门式框架主要由(   )焊接组成，它是门式钢管脚手架的主要构件。

    A. 立杆　　　　　　　　　　　　B. 横杆

    C. 纵杆　　　　　　　　　　　　D. 加强杆

    E. 斜杆

【答案】ABD

【解析】门式钢管脚手架的门式框架（简称门架）主要由立杆、横杆及加强杆焊接组成，是门式钢管脚手架的主要构件。

16. 门式钢管脚手架的外观质量应符合(   )。

    A. 钢管应平直，平直度允许偏差为管长的 1/800

    B. 钢管两端面应平整，不得有斜口、毛口

    C. 钢管表面应无裂纹、凹陷、锈蚀，钢管不得接长使用

    D. 水平架、钢梯及脚手板的搭钩应焊接或铆接牢固

    E. 加工中不得产生因加工工艺造成的材料性能下降的现象

【答案】BCDE

【解析】门式钢管脚手架的外观质量主要包括下列内容：

(1) 钢管应平直，平直度允许偏差为管长的 1/500。

(2) 钢管两端面应平整，不得有斜口、毛口。

(3) 钢管表面应无裂纹、凹陷、锈蚀。

(4) 钢管不得接长使用。

(5) 水平架、钢梯及脚手板的搭钩应焊接或铆接牢固。

(6) 各杆件端头压扁部分不得出现裂纹，销钉孔、铆钉孔应采用钻孔，不得使用冲孔。

(7) 加工中不得产生因加工工艺造成的材料性能下降的现象。

17. 碗扣接头是碗扣式脚手架系统的核心部件，它由(   )组成。

    A. 上碗扣　　　　　　　　　　　　B. 下碗扣

C. 立杆　　　　　　　　　　　　D. 横杆接头

E. 上碗扣限位销

【答案】ABDE

【解析】碗扣接头是碗扣式脚手架系统的核心部件，它由上碗扣、下碗扣、横杆接头和上碗扣的限位销等组成。碗扣接头设置在立杆上，但立杆不属于碗扣接头。

18. 下列有关碗扣式脚手架连墙件的说法正确的是(　　)。

A. 连墙件应水平设置，当不能水平设置时，与脚手架连接的一端应上斜连接

B. 连墙件应采用可承受拉、压荷载的刚性结构，连接应牢固可靠

C. 每层连墙件应在同一平面上，其位置应由建筑结构和风荷载计算确定，且水平间距不应大于 4.5m

D. 连墙件应设置在有横向横杆的碗扣节点处，当采用钢管扣件做连墙件时，连墙件应与立杆连接，连接点距碗扣节点距离不应大于 150mm

E. 对高度在 24m 以下的单、双排脚手架，可采用拉筋附墙连接方式

【答案】BCD

【解析】连墙件是脚手架与建筑物之间的连接件，除防止脚手架倾倒、承受偏心荷载和水平荷载外，还可以加强约束、提高脚手架的稳定性和承载能力。

（1）连墙件应水平设置，当不能水平设置时，与脚手架连接的一端应下斜连接。

（2）每层连墙件应在同一平面，其位置应由建筑结构和风荷载计算确定，且水平间距不应大于 4.5m。

（3）连墙件应设置在有横向横杆的碗扣节点处，当采用钢管扣件做连墙件时，连墙件应与立杆连接，连接点距碗扣节点距离不应大于 150mm。

（4）连墙件应采用可承受拉、压荷载的刚性结构，连接应牢固可靠。

19. 确定木脚手架的立杆间距、纵向水平杆步距和横向水平杆间距时，主要依据是(　　)。

A. 脚手架的用途　　　　　　　　B. 搭设方法

C. 荷载　　　　　　　　　　　　D. 建筑平立面

E. 使用条件

【答案】ACDE

【解析】木脚手架的立杆间距、纵向水平杆步距和横向水平杆间距，应根据脚手架的用途、荷载和建筑平立面、使用条件等确定。

20. 砖砌体的下列部位不得留脚手眼的是(　　)。

A. 砖过梁上与过梁成 60°角的三角形范围内

B. 砖柱或宽度小于 740mm 的窗间墙；梁或梁垫下及其左右 370mm 范围内

C. 设计上不允许留脚手眼的部位

D. 砌体门窗洞口两侧 240mm 和转角处 420mm 范围内

E. 240mm 及以上墙厚除上述部位外的墙体

【答案】ABCD

【解析】砖砌体的下列部位不得留脚手眼：

（1）砖过梁上与过梁成 60°角的三角形范围内。

（2）砖柱或宽度小于 740mm 的窗间墙。

（3）梁或梁垫下及其左右 370mm 范围内。

（4）砌体门窗洞口两侧 240mm 和转角处 420mm 范围内。

（5）设计上不允许留脚手眼的部位。

21. 下列可作为竹脚手架绑扎材料的是（　　）。

A. 尼龙绳
B. 竹篾

C. 塑料篾
D. 塑料绳

E. 镀锌钢丝

【答案】BCE

【解析】竹脚手架的绑扎材料主要有镀锌钢丝、竹篾和塑料篾等。尼龙绳和塑料绳绑扎的绑扣易于松脱，不得使用。

22. 下列对于烟囱（水塔）脚手架缆风绳设置要求，说法正确的是（　　）。

A. 架高 10～15m 时，应在脚手架各顶角处各设 1 道缆风绳

B. 架高 10m 以上时，每增加 10m 高度脚手架各顶角处应加设 1 道缆风绳

C. 缆风绳应选用直径不小于 10mm 的钢丝绳

D. 可以用钢筋代替钢丝绳

E. 钢丝绳与地面夹角为 45°～60°，下端应单独设置地锚，或与其他设备共用地锚

【答案】ABC

【解析】烟囱（水塔）脚手架的安装和使用中，应设置缆风绳以保证架体的稳定，缆风绳的设置要求是：架高 10～15m 时，应在脚手架各顶角处各设 1 道；以后每增加 10m 加设 1 组。

缆风绳应选用直径不小于 10mm 的钢丝绳，不得用钢筋代替，与地面夹角为 45°～60°，下端必须单独固定在地锚上。

23. 下列模板支撑架类型属于按支撑架竖向荷载传递的方式来划分的是（　　）。

A. 支柱式支撑架
B. 片（排架）式支排架

C. 碗扣式模板支撑架
D. 双排支撑架

E. 木结构模板支撑架

【答案】ABD

【解析】模板支撑架根据支撑架竖向荷载传递的方式来划分：

（1）支柱式支撑架：由支柱承载的构架。

（2）片（排架）式支排架：由一排有水平拉杆联结的支柱形成的构架。

（3）双排支撑架：由两排立杆形成的支撑架。

（4）空间框架式支撑架：由多排立杆或满堂脚手架设置的空间构架。

按照支撑架的构造做法和使用的材料，支撑架可分为：扣件式钢管模板支架、碗扣式钢管模板支架、门式钢管模板支架和木结构模板支架等。

24. 对于以下情况的模板支撑架，应对支架单元和地基进行预压试验的是（　　）。

A. 相邻地基承载力无明显差别　　　　　B. 在回填土上搭设模板支架

C. 有可能发生地基沉降变形　　　　　　D. 框架结构的梁、板模板支撑架

E. 高大、复杂和荷载较大的模板支架系统

【答案】BCE

【解析】为了防止施工过程中地基沉降或支架受荷变形对现浇混凝土结构施工质量和支架稳定的影响，对于以下情况应对支架单元和地基进行预压试验：

（1）有可能发生地基沉降变形。

（2）在回填土上搭设模板支架。

（3）相邻地基承载力有较大差别。

（4）高大、复杂和荷载较大的模板支架系统。

25. 碗扣式模板支撑架设置门洞时，应增加的支撑架构配件是（　　）。

A. 加密立杆　　　　　　　　　　　　　B. 斜撑杆

C. 纵向分配梁　　　　　　　　　　　　D. 横向分配梁

E. 转换横梁

【答案】ACDE

【解析】碗扣式模板支撑架设置门洞时，为增加跨度部分立杆悬空，脚手架应能够满足悬空立杆承担荷载和传递荷载，另外，要保证脚手架的整体稳定。为此，需要增加相应的支撑架构配件，主要包括：加密立杆、纵向分配梁、横向分配梁、转换横梁。当用于车行通道时，还应设置警示和防撞设施等。

26. 模板支撑架经检查验收后，方可进行下道工序施工，模板支撑架检查项目应符合以下要求的是（　　）。

A. 立杆底部地基土应回填夯实；垫板应满足设计要求

B. 底座位置应正确，顶托螺杆伸出长度应符合规定

C. 立杆的规格尺寸和垂直度应符合设计要求，不得出现偏心荷载

D. 钢筋绑扎不得支撑在模板支撑架上

E. 扫地杆、水平杆、剪刀撑等的设置应符合规定，固定应可靠

【答案】ABCE

【解析】模板支撑架安全技术管理规定，模板支撑架在搭设时，应对每一个施工过程进行检查验收，经检查验收合格后，方可进行下道工序施工，检查项目应符合以下要求：

（1）立杆底部地基土应回填夯实。

（2）垫板应满足设计要求。

（3）底座位置应正确，顶托螺杆伸出长度应符合规定。

（4）立杆的规格尺寸和垂直度应符合设计要求，不得出现偏心荷载。

（5）扫地杆、水平杆、剪刀撑等的设置应符合规定，固定应可靠。

（6）用扭力扳手检查扣件螺栓拧紧力矩。

（7）安全网和各种安全设施应符合要求。

（8）架体与输电线的安全距离应符合有关规定。

27. 下列属于模板支撑架对混凝土浇筑施工要求的是（　　）。

A. 现浇混凝土楼盖（板）宜采用从中间开始向两边扩展对称浇筑

B. 混凝土梁应采用从跨中向两端对称进行分层浇筑，每层厚度不得大于400mm

C. 楼盖（板）钢筋吊装时，控制集中荷载不超过设计荷载要求

D. 严格控制混凝土浇筑过程的实际施工荷载，确保不超过设计荷载，在施工中宜设专人对施工荷载进行监控

E. 各种预埋管线需要固定在模板或模板支撑架上时，应经支撑架搭设班组同意，必要时应进行相关的设计计算

【答案】ABD

【解析】模板支撑架搭设完毕后，应进行检查验收，合格后方能进行混凝土浇筑施工。对混凝土浇筑施工的要求是：

（1）现浇混凝土楼盖（板）宜采用从中间开始向两边扩展对称浇筑。混凝土梁应采用从跨中向两端对称进行分层浇筑，每层厚度不得大于400mm。

（2）严格控制实际施工荷载，确保不超过设计荷载，在施工中宜设专人对施工荷载进行监控。

（3）运送混凝土小车道应设垫板，不得直接在模板上运行；当需在钢筋网上通过时，必须搭设车行通道。

（4）运输小车的通道应坚固稳定，应铺平绑牢脚手板，便于小车运行，通道两侧设置防护栏杆及挡脚板。

（5）模板施工及混凝土浇筑时，应设专人负责安全检查，发现问题应报告有关人员处理。当遇险情时，应立即停工和采取应急措施；待修复或排除险情后，方可继续施工。

本题中C属于钢筋绑扎对模板及其支撑架的影响；E属于预埋管线对模板及其支撑架的影响。

28. 门式钢管模板支撑架的四周和内部纵横向应按规定与建筑结构柱、墙进行刚性连接，连接点应设在(　　)。

A. 水平加固门梁设置层
B. 水平加固杆设置层
C. 竖向剪刀撑设置层
D. 水平剪刀撑设置层
E. 水平横杆设置层

【答案】BD

【解析】在门式钢管模板支撑架的四周和内部纵横向应按规定与建筑结构柱、墙进行刚性连接，连接点应设在水平剪刀撑或水平加固杆设置层，并应与水平杆连接。

29. 在脚手架施工事故中，下列属于技术管理不到位的是(　　)。

A. 未按照规定编制脚手架专项施工方案
B. 扣件盖板厚度不足，承载力达不到要求
C. 未按照规定进行安全技术交底
D. 新购钢管、扣件未按照规定进行抽样检测检验
E. 未按照规定进行分段搭设、分段检查验收投入使用

【答案】ACE

【解析】脚手架专项施工方案、安全技术交底、检查验收均属于技术管理的范围，ACE三项没做好是属于技术管理不到位；扣件盖板是属于脚手架的配件的问题；新购钢管的检测检验是属于脚手架材料检验方面的问题。

30. 下列属于脚手架搭设不规范的是(　　)。

A. 钢管未做防腐处理，锈蚀严重，承载力严重降低
B. 连墙件与建筑结构连接不牢固；连墙件设置数量严重不足
C. 新购钢管、扣件未按照规定进行抽样检测检验
D. 立杆的对接接头没有交错布置，同一步内接头较集中
E. 立杆底部未设底座，或者数量不足；底座未安放在垫板中心轴线部位

【答案】BDE

【解析】A钢管承载力降低、C新购钢管的检测检验是脚手架材料问题；连墙杆、立杆的设置是属于脚手架搭设不规范。

四、案例题

1. 某施工单位承接门式模板支撑架，其中梁模板采用沿梁轴线平行布置门架的支撑方式。由于梁高度较大，采用调节门架增加支撑高度，梁模板支撑架构造如附图1所示。支撑架搭设施工前，施工单位技术负责人对模板支撑班组进行了技术交底。请回答下列问题。

(1)判断题

1)调节架与下门架组装连接必须设置连接棒及锁臂。

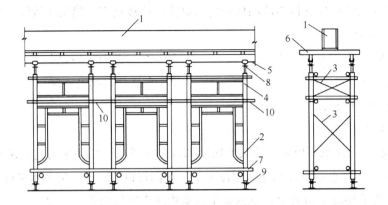

附图 1 梁模板支撑架构造图

1—混凝土梁；2—门架；3—交叉支撑；4—调节架；5—托梁；

6—小楞；7—扫地杆；8—可调托座；9—可调底座；10—水平加固杆

【答案】正确

2）采用平行梁轴线布置门架时，在两门架间可不设置交叉支撑。

【答案】错误

（2）单选题

1）门式钢管模板支撑架的门架立柱下部纵横向必须设置（   ），并应采用扣件与立杆扣紧。

A. 水平剪刀撑　　　　B. 抛撑　　　　　　C. 斜撑　　　　　　D. 扫地杆

【答案】D

2）当梁模板门式钢管模板支架的支架高度较高或荷载较大时，可通过设置门架调节架提高门式支撑架的高度，同时必须按计算要求设置（   ）。

A. 水平加固杆　　　B. 水平横杆　　　　C. 水平剪刀撑　　　D. 竖向剪刀撑

【答案】A

（3）多选题

下列关于模板支撑架底部设置要求正确的是（   ）。

A. 搭设门式钢管支撑架的场地必须平整坚实，并做好排水，回填土地面必须分层回填、逐层夯实，以保证支架底部的稳定性

B. 当模板支撑架设在钢筋混凝土楼板挑台等结构上部时应对该结构强度进行验算

C. 支架底部应当放置衬垫木方作垫板，以防下沉；垫板上应设固定底座或可调底座，可调托座调节螺杆的高度不应超过 500mm

D. 底座和托座与门架立杆轴线的偏差不应大于 2.0mm

E. 门架立柱间应设置剪刀撑，立柱下部的纵横向必须设置水平剪刀撑替代扫地杆，保证模板支撑架底部的稳定

【答案】ABD

2. 某工程门厅部位局部层数 2 层，标高 7.2m，楼板为钢筋混凝土井格式现浇楼盖，采用落地扣件式钢管脚手架支撑梁板模板。模板工程安装完毕后，由施工单位项目经理组织现场技术负责人、质检员、安全员和搭设班组长进行自检；自检合格后，报请项目监理单位，由项目总监组织建设单位、监理单位和施工单位相关人员参加模板支撑架的验收。根据该工程表述回答下列问题。

（1）判断题

1）该模板工程需要单独编制专项施工方案，方案实施前应通过专家论证。

【答案】错误

2）模板及其支撑架安装施工前，应建立模板支架的验收制度。

【答案】正确

（2）单选题

1）模板支撑架验收时对没有达到设计要求和规范要求的验收项，必须（　　）或采取有效措施加固。

A. 重新设计　　　　B. 调整构造措施　　C. 返工处理　　　　D. 无须处理

【答案】C

2）对验收结果应逐项认真填写验收记录表，存在问题的经整改后要重新组织验收，达到验收要求后应（　　）。未经验收，支架不得使用。

A. 验收人员表决通过　　　　　　　B. 验收人员会签通过

C. 报建设单位通过　　　　　　　　D. 报监理单位通过

【答案】B

（3）多选题

模板支撑架工程验收合格，是指应同时满足下列（　　）的要求。

A. 建设单位　　　　　　　　　　　B. 规范和标准

C. 监理单位　　　　　　　　　　　D. 设计方案

E. 施工方案

【答案】BDE

3. 某工程外墙脚手架采用门式钢管脚手架，门架及配件在进场时按规定进行检验，新购门架及配件均有出厂合格证明书与产品标志。门架及配件进场后，对材质、外观质量、焊接质量以及表面涂层质量进行检查验收，均达到相关要求。在脚手架周转使用过程中，为确保其使用安全，对门架及配件质量按 A、B、C、D 四类随时进行鉴别。根据该门式钢管外墙脚手架工程回答下列问题。

（1）判断题

1）各杆件端头压扁部分不得出现裂纹，销钉孔、铆钉孔应采用钻孔或冲孔。

【答案】错误

2）立杆与横杆焊接，螺杆、插管与底板的焊接，均必须采用周围焊接。

【答案】正确

（2）单选题

1）门式钢管脚手架各杆件之间焊接应采用手工电弧焊，在保证同等强度下也可采用其他方法。焊缝气孔直径不应大于1.0mm，每条焊缝气孔数不得超过（　　）个。

A. 5　　　　　　　B. 4　　　　　　　C. 3　　　　　　　D. 2

【答案】D

2）门架及配件质量鉴别时，发现门架的钢管有一定程度弯曲变形，局部有轻微锈蚀。经矫正、除锈和油漆后能够继续使用。则该门架的质量分级为（　　）。

A. A类　　　　　　B. B类　　　　　　C. C类　　　　　　D. D类

【答案】B

（3）多选题

下列检查项目中，属于门式钢管脚手架表面涂层质量检查内容的是（　　）。

A. 连接棒、锁臂、可调底座、可调托撑及脚手板、水平架和钢梯的搭钩应采用表面镀锌

B. 水平架、钢梯及脚手板的搭钩应焊接或铆接牢固

C. 镀锌表面应光滑，在连接处不得有毛刺、滴瘤和多余结块

D. 钢管应平直，两端面应平整，不得有斜口、毛口

E. 油漆表面应均匀，无漏涂、流淌、脱皮、皱纹等缺陷

【答案】ACE

4. 如附图2所示，为六角形烟囱钢管外脚手架的平面布置图，采用双排脚手架。烟囱底直径为3m，里排立杆到烟囱壁最近距离为0.5m。根据该烟囱钢管外脚手架工程回答问题，并计算脚手架里排纵向水平杆边长。

（1）判断题

1）六角形的烟囱外脚手架，高度不宜超过40m。烟囱架下大上小，搭设过程中应随其坡度相应扩大脚手架的平面几何形状。

【答案】错误

2）烟囱外脚手架的架高10~15m时，应在脚手架各顶角处各设1道缆风绳；以后每增加10m加设1组。

【答案】正确

（2）单选题

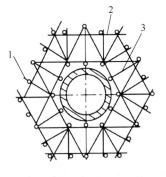

附图2　扣件式烟囱钢管
外脚手架的平面图
1—立杆；2—纵向水平杆；
3—横向水平杆

1）该烟囱钢管外脚手架的里排纵向水平杆边长 L 为（　　）m。

A. 1.5　　　　　　B. 1.8　　　　　　C. 2.3　　　　　　D. 2.8

【答案】C

2）六边形烟囱外脚手架的放线依据是（　　）。

A. 里排纵向水平杆中点　　　　　　B. 里排纵向水平杆两端

C. 外排纵向水平杆中点　　　　　　D. 外排纵向水平杆两端

【答案】B

（3）多选题

下列六边形烟囱外脚手架安放水平杆施工，说法正确的是（　　）。

A. 立杆安放后应当立即安装纵、横向水平杆，纵向水平杆应当设置在立杆内侧

B. 接头应当相互错开，相互两接头的水平距离不小于 0.5m；相邻水平杆的接头不得在同一步架、同一跨间内

C. 先竖转角处的立杆，后竖中间立杆，同一排对齐对正

D. 横向水平杆端头与烟囱壁的距离应当控制在 100～150mm，不得顶住烟囱筒壁

E. 转角处应补加一根横向水平杆，使交叉搭接处形成稳定的三角形

【答案】ABDE

5. 如附图 3 所示，为一敞开落地扣件式钢管双排脚手架局部立面图，脚手架步距1.8m；立杆的纵距 1.5m，横距 1.3m，高出作业面纵向水平杆 1.5m；纵向水平杆外伸100mm。根据该钢管脚手架工程回答问题，并进行脚手架相关计算。

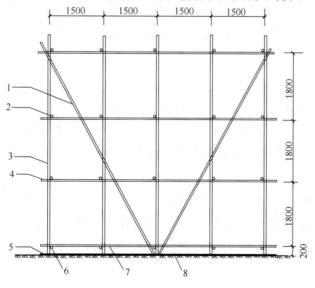

附图 3　双排扣件式钢管脚手架构造立面图

1—剪刀撑；2—横向水平杆；3—立杆；4—纵向水平杆；

5—通长木垫板；6—横向扫地杆；7—纵向扫地杆；8—自然地坪

（1）判断题

1）当脚手架下部暂不能设连墙件时可搭设抛撑，抛撑应在连墙件搭设后方可拆除。

【答案】正确

2）剪刀撑斜杆的接长宜采用搭接，搭接长度不应小于1m，采用不少于3个旋转扣件固定，端部扣件盖板的边缘至杆端距离不小于100mm。

【答案】正确

（2）单选题

1）脚手架立杆数量是（　　）根，立杆总长为（　　）m。

A. 8、7.1　　　　　B. 8、5.6　　　　　C. 10、7.1　　　　　D. 10、5.6

【答案】C

2）脚手架纵向水平杆的数量是（　　）根，纵向水平杆的总长为（　　）m。

A. 8、6　　　　　　　　　　　　B. 8、6.2

C. 10、6　　　　　　　　　　　D. 10、6.2

【答案】B

（3）多选题

下列关于扣件式钢管脚手架剪刀撑设置，说法正确的是（　　）。

A. 剪刀撑是在脚手架内侧成对设置的交叉斜杆，可以增强脚手架的整体刚度，提高脚手架抵抗纵向水平力的能力

B. 剪刀撑斜杆的接长宜采用搭接，搭接长度不应小于1m，采用不少于3个旋转扣件固定，端部扣件盖板的边缘至杆端距离不小于100mm

C. 每道剪刀撑宽度不应小于4跨，且不应小于6m，斜杆与地面的倾角宜为45°～60°

D. 剪刀撑能够防止因风荷载等水平外力作用而发生的脚手架向内或向外倾翻

E. 剪刀撑斜杆应用旋转扣件固定在与之相交的横向水平杆的伸出端或立杆上，旋转扣件中心线至主节点的距离不宜大于150mm

【答案】BCE

6. 如附图4所示，为一落地扣件式钢管双排脚手架门洞处构造立面图，脚手架步距1.4m；立杆的纵距1.4m，横距1.3m，高出作业面纵向水平杆1.5m；纵向水平杆外伸100mm。根据该钢管脚手架工程回答问题，并进行脚手架相关计算。

（1）判断题

1）门洞桁架下的两侧为双管立杆，副立杆高度应高于门洞口1～2步；该门洞副立杆共4根，高度高于门洞口1个步距。

【答案】正确

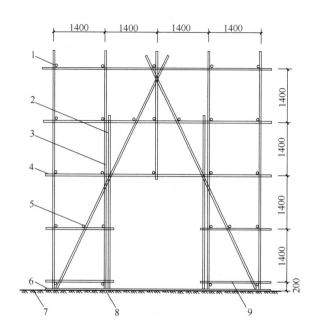

附图 4　落地扣件式钢管双排脚手架门洞构造立面图

1—横向水平杆；2—副立杆；3—立杆；4—纵向水平杆；5—增设横向水平杆

6—通长木垫板；7—自然地坪；8—横向扫地杆；9—纵向扫地杆

2）本例是将悬空立杆用斜杆连接，使荷载分布到两侧立杆上。

【答案】正确

（2）单选题

1）本例中，立杆数量是（　　）根，立杆总长为（　　）m。

A. 10　　　　　　　B. 10　　　　　　　C. 14　　　　　　　D. 14

【答案】

2）本例中，横向水平杆的数量是（　　）根。

A. 25　　　　　　　B. 26　　　　　　　C. 27　　　　　　　D. 28

【答案】C

（3）多选题

扣件式钢管脚手架门洞处采用上升斜杆、平行弦杆桁架结构形式。门洞桁架的形式分为：A 型和 B 型，其划分依据是（　　）。

A. 脚手架高度　　　　　　　　　　B. 脚手架步距

C. 立杆与结构距离　　　　　　　　D. 立杆纵距

E. 立杆横距

【答案】BD

参 考 文 献

［1］ 杜荣军. 混凝土工程模板与支架技术［M］. 北京：机械工业出版社，2004.

［2］ 郭俊峰. 架子工［M］，北京：化学工业出版社，2008.

［3］ 国家职业资格培训教材编委会. 架子工（高级）［M］，北京：机械工业出版社，2006.

［4］ 建设部人事教育司. 架子工（技师）. 北京：中国建筑工业出版社，2005.

［5］ 建设部人事教育司. 架子工［M］. 北京：中国建筑工业出版社，2002.

［6］ 《建筑施工手册》编写组. 建筑施工手册（4版）［M］，北京：中国建筑工业出版社，2004.

［7］ 沈振国. 登高作业安全技术问答［M］. 北京：化学工业出版社，2009.

［8］ 王宇辉. 脚手架施工与安全［M］. 北京：中国建材工业出版社，2008.

［9］ 《安全网》GB5725—2009

［10］ 《钢管脚手架扣件》GB 15831—2006

［11］ 《建筑施工安全检查标准》JGJ 59—2011

［12］ 《建筑施工高处作业安全技术规范》JGJ 80—2016

［13］ 《建筑施工扣件式钢管脚手架安全技术规范》JGJ 130—2011

［14］ 《建筑施工门式钢管脚手架安全技术规范》JGJ 128—2010

［15］ 《建筑施工模板安全技术规范》JGJ 162—2008

［16］ 《建筑施工木脚手架安全技术规范》JGJ 164—2008

［17］ 《建筑施工碗扣式钢管脚手架安全技术规范》JGJ 166—2016